江苏省安全生产管理人员资格培训考核配套教材

生产经营单位安全生产管理

虞　谦　虞汉华　编著

东南大学出版社
SOUTHEAST UNIVERSITY PRESS
·南京·

图书在版编目(CIP)数据

生产经营单位安全生产管理 / 虞谦,虞汉华编著.
— 南京：东南大学出版社，2020.11(2024.9重印)
ISBN 978 - 7 - 5641 - 9238 - 9

Ⅰ. ①生… Ⅱ. ①虞… ②虞… Ⅲ. ①安全生产-生产管理 Ⅳ. ①X92

中国版本图书馆 CIP 数据核字(2020)第 239430 号

生产经营单位安全生产管理

编　著	虞　谦　虞汉华
出 版 人	江建中
责任编辑	陈潇潇
出版发行	东南大学出版社
社　址	南京市四牌楼 2 号
邮　编	210096
网　址	http://www.seupress.com
经　销	新华书店
印　刷	兴化印刷有限责任公司
开　本	787 mm×1092 mm　1/16
印　张	10.75
字　数	280 千字
版　次	2020 年 11 月第 1 版
印　次	2024 年 9 月第 7 次印刷
书　号	ISBN 978 - 7 - 5641 - 9238 - 9
定　价	29.00 元

* 本社图书若有印装质量问题,请直接与营销部联系,电话:025 - 83791830。

前　言

为了提高安全培训的质量，帮助生产经营单位从业人员具备与所从事的生产经营活动相适应的安全生产知识和技能，提升生产经营单位主要负责人和安全生产管理人员的业务素质和管理水平，依据有关安全生产的法律、法规、规章和有关规定，参考有关培训大纲和考核标准，我们编写了《生产经营单位安全生产管理》一书。

本书主要内容包括有关安全生产法律法规、安全生产专项整治、安全生产责任制、安全生产管理基础、安全风险管控与事故隐患排查治理、安全防护技术、生产安全事故应急处置、企业安全生产标准化及职业健康等共九章内容。

本书的主要特点是：

1. 反映有关安全管理的法律、法规、规章、标准和有关规定的最新内容。

2. 针对当前安全生产工作的新情况、新问题，根据广大学员的实际需求，总结安全生产培训考核的经验，对培训大纲及考核标准中的知识点进行了全面和深入的分析，以符合科学性、适用性的要求。

3. 主要适用于一般经营单位主要负责人和安全生产管理人员的安全生产培训和考核，也可作为有关从业人员学习安全生产知识的辅导书。

本书第一章、第三章至第七章由虞谦博士编著，第二章至第八章、第九章由虞汉华教授编著。在编写过程中，得到了许多学者和专家的帮助，在此表示衷心感谢。

由于编写时间紧以及作者水平所限，书中疏漏和不妥之处敬请读者批评指正。

编著者

2022 年 1 月

目　录

第一章　法律法规

我国已经逐步建立起中国特色社会主义法律体系。这个体系由法律、行政法规、地方性法规三个层次，宪法及宪法相关法、民法商法、行政法、经济法、社会法、刑法、诉讼与非诉讼程序法七个法律部门组成。安全生产法律体系是指我国全部现行的、不同的安全生产法律法规形成的有机联系的统一整体。

宪法　宪法是我国的根本大法。宪法明确规定"加强劳动保护，改善劳动条件"，这是我国有关安全生产方面最高法律效力的规定。宪法是我国安全生产法律体系的最高层级。

法律　包括：《中华人民共和国安全生产法》《中华人民共和国职业病防治法》《中华人民共和国劳动法》《中华人民共和国消防法》等。

安全生产行政法规　包括：《生产安全事故应急条例》《安全生产许可证条例》《生产安全事故报告和调查处理条例》《危险化学品安全管理条例》等。

安全生产地方性法规　江苏、北京等省（自治区）、直辖市制定出台了地方性法规，如《江苏省安全生产条例》。

安全生产部门规章　包括：《生产安全事故应急预案管理办法》《安全生产事故隐患排查治理暂行规定》《安全生产违法行为行政处罚办法》等。

安全生产地方政府规章　主要指以省长令、市长令颁布的地方政府规定。

第一节　安全生产法律

一、安全生产法及解读

中华人民共和国第十三届全国人民代表大会常务委员会第二十九次会议于 2021 年 6 月 10 日通过了《全国人民代表大会常务委员会关于修改〈中华人民共和国安全生产法〉的决定》，修改后的《中华人民共和国安全生产法》自 2021 年 9 月 1 日起施行。

修改后的《安全生产法》共七章 119 条，包括总则、生产经营单位的安全生产保障、从业人员的安全生产权利义务、安全生产的监督管理、生产安全事故的应急救援与调查处理、法律责任以及附则。

《安全生产法》主要内容解读如下：

（一）立法目的

《安全生产法》立法目的是为了加强安全生产工作,防止和减少生产安全事故,保障人民群众生命和财产安全,促进经济社会持续健康发展。

（二）适用范围

《安全生产法》适用于在中华人民共和国领域内从事生产经营活动的单位(以下统称生产经营单位)的安全生产。

有关法律、行政法规对消防安全和道路交通安全、铁路交通安全、水上交通安全、民用航空安全以及核与辐射安全、特种设备安全另有规定的,适用其规定。例如,国家安全和社会治安方面的管理不适用《安全生产法》,水上交通管理适用其专门的法律、行政法规。

（三）安全生产工作方针

安全生产工作坚持中国共产党的领导,安全生产工作应当以人为本,坚持人民至上、生命至上,把保护人民生命安全摆在首位,树牢安全发展理念,坚持安全第一、预防为主、综合治理的方针,从源头上防范化解重大安全风险。

安全生产工作实行管行业必须管安全、管业务必须管安全、管生产经营必须管安全,强化和落实生产经营单位主体责任与政府监管责任,建立生产经营单位负责、职工参与、政府监管、行业自律和社会监督的机制。

（四）生产经营单位安全生产总体要求

生产经营单位必须遵守本法和其他有关安全生产的法律、法规,加强安全生产管理,建立、健全全员安全生产责任制和安全生产规章制度,加大对安全生产资金、物资、技术、人员的投入保障力度,改善安全生产条件,加强安全生产标准化、信息化建设,构建安全风险分级管控和隐患排查治理双重预防机制,健全风险防范化解机制,提高安全生产水平,确保安全生产。

平台经济等新兴行业、领域的生产经营单位应当根据本行业、领域的特点,建立健全并落实全员安全生产责任制,加强从业人员安全生产教育和培训,履行本法和其他法律、法规规定的有关安全生产义务。

（五）生产经营单位的主要负责人全面负责安全生产工作

生产经营单位的主要负责人是本单位安全生产第一责任人,对本单位的安全生产工作全面负责。其他负责人对职责范围内的安全生产工作负责。

（六）工会依法对安全生产工作进行监督

生产经营单位的工会依法组织职工参加本单位安全生产工作的民主管理和民主监督,维护职工在安全生产方面的合法权益。生产经营单位制定或者修改有关安全生产的规章制度,应当听取工会的意见。

在国家安全生产管理体制中,工会行使群众监督的职能。

（七）安全生产监督管理部门及有关部门职责

国务院应急管理部门依照本法,对全国安全生产工作实施综合监督管理;县级以上地方各级人民政府应急管理部门依照本法,对本行政区域内安全生产工作实施综合监督管理。

国务院交通运输、住房和城乡建设、水利、民航等有关部门依照本法和其他有关法律、行政法规的规定,在各自的职责范围内对有关行业、领域的安全生产工作实施监督管理;县级以上地方各级人民政府有关部门依照本法和其他有关法律、法规的规定,在各自的职责范围内对有关行业、领域的安全生产工作实施监督管理。对新兴行业、领域的安全生产监督管理职责不明确的,由县级以上地方各级人民政府按照业务相近的原则确定监督管理部门。

应急管理部门和对有关行业、领域的安全生产工作实施监督管理的部门,统称负有安全生产监督管理职责的部门。负有安全生产监督管理职责的部门应当相互配合、齐抓共管、信息共享、资源共用,依法加强安全生产监督管理工作。

我国安全生产监督管理坚持"有法必依、执法必严、违法必究"的原则。

(八)制定有关的国家标准或者行业标准

国务院有关部门应当按照保障安全生产的要求,依法及时制定有关的国家标准或者行业标准,并根据科技进步和经济发展适时修订。

生产经营单位必须执行依法制定的保障安全生产的国家标准或者行业标准。

国务院有关部门按照职责分工负责安全生产强制性国家标准的项目提出、组织起草、征求意见、技术审查。国务院应急管理部门统筹提出安全生产强制性国家标准的立项计划。国务院标准化行政主管部门负责安全生产强制性国家标准的立项、编号、对外通报和授权批准发布工作。国务院标准化行政主管部门、有关部门依据法定职责对安全生产强制性国家标准的实施进行监督检查。

(九)生产安全事故责任追究制度

国家实行生产安全事故责任追究制度,依照本法和有关法律、法规的规定,追究生产安全事故责任单位和责任人员的法律责任。

安全生产责任追究是国家法律规定的一项法定制度,根据责任人员在事故中承担责任的不同,分为直接责任者、主要责任者和领导责任者。

(十)生产经营单位应当具备安全生产条件

生产经营单位应当具备本法和有关法律、行政法规和国家标准或者行业标准规定的安全生产条件;不具备安全生产条件的,不得从事生产经营活动。

(十一)生产经营单位的主要负责人职责

生产经营单位的主要负责人对本单位安全生产工作负有下列 7 项职责:

1. 建立健全并落实本单位全员安全生产责任制,加强安全生产标准化建设;

2. 组织制定并实施本单位安全生产规章制度和操作规程;

3. 组织制定并实施本单位安全生产教育和培训计划;

4. 保证本单位安全生产投入的有效实施;

5. 组织建立并落实安全风险分级管控和隐患排查治理双重预防工作机制,督促、检查本单位的安全生产工作,及时消除生产安全事故隐患;

6. 组织制定并实施本单位的生产安全事故应急救援预案;

7. 及时、如实报告生产安全事故。

（十二）生产经营单位安全生产条件所必需的资金投入

生产经营单位应当具备的安全生产条件所必需的资金投入，由生产经营单位的决策机构、主要负责人或者个人经营的投资人予以保证，并对由于安全生产所必需的资金投入不足导致的后果承担责任。

要充分利用好国家在安全生产和应急救援方面的投入政策，管好、用好资金，坚持建设与节约并重原则，充分发挥投资效益。

（十三）设置安全生产管理机构或者配备专职安全生产管理人员

矿山、金属冶炼、建筑施工、道路运输单位和危险物品的生产、经营、储存、装卸单位，应当设置安全生产管理机构或者配备专职安全生产管理人员。

前款规定以外的其他生产经营单位，从业人员超过一百人的，应当设置安全生产管理机构或者配备专职安全生产管理人员；从业人员在一百人以下的，应当配备专职或者兼职的安全生产管理人员。

生产经营单位的安全生产管理机构是专门负责安全生产监督管理的内设机构，其工作人员是专职安全生产管理人员。

（十四）安全生产管理机构以及安全生产管理人员的职责

生产经营单位的安全生产管理机构以及安全生产管理人员履行下列职责：

1. 组织或者参与拟订本单位安全生产规章制度、操作规程和生产安全事故应急救援预案。
2. 组织或者参与本单位安全生产教育和培训，如实记录安全生产教育和培训情况。
3. 组织、开展危险源辨识和评估，督促落实本单位重大危险源的安全管理措施。
4. 组织或者参与本单位应急救援演练。
5. 检查本单位的安全生产状况，及时排查生产安全事故隐患，提出改进安全生产管理的建议。
6. 制止和纠正违章指挥、强令冒险作业、违反操作规程的行为。
7. 督促落实本单位安全生产整改措施。

生产经营单位可以设置专职安全生产分管负责人，协助本单位主要负责人履行安全生产管理职责。

（十五）听取安全生产管理机构以及安全生产管理人员的意见

生产经营单位作出涉及安全生产的经营决策，应当听取安全生产管理机构以及安全生产管理人员的意见。

生产经营单位不得因安全生产管理人员依法履行职责而降低其工资、福利等待遇或者解除与其订立的劳动合同。

危险物品的生产、储存单位以及矿山、金属冶炼单位的安全生产管理人员的任免，应当告知主管的负有安全生产监督管理职责的部门。

（十六）主要负责人和安全生产管理人员具备安全知识和管理能力

生产经营单位的主要负责人和安全生产管理人员必须具备与本单位所从事的生产经营活

动相应的安全生产知识和管理能力。

危险物品的生产、经营、储存、装卸单位以及矿山、金属冶炼、建筑施工、道路运输单位的主要负责人和安全生产管理人员,应当由主管的负有安全生产监督管理职责的部门对其安全生产知识和管理能力考核合格。考核不得收费。

（十七）聘用注册安全工程师

危险物品的生产、储存、装卸单位以及矿山、金属冶炼单位应当有注册安全工程师从事安全生产管理工作。鼓励其他生产经营单位聘用注册安全工程师从事安全生产管理工作。

（十八）安全生产教育和培训

生产经营单位应当对从业人员进行安全生产教育和培训,保证从业人员具备必要的安全生产知识,熟悉有关的安全生产规章制度和安全操作规程,掌握本岗位的安全操作技能,了解事故应急处理措施,知悉自身在安全生产方面的权利和义务。

生产经营单位使用被派遣劳动者的,应当将被派遣劳动者纳入本单位从业人员统一管理,对被派遣劳动者进行岗位安全操作规程和安全操作技能的教育和培训。劳务派遣单位应当对被派遣劳动者进行必要的安全生产教育和培训。

生产经营单位接收中等职业学校、高等学校学生实习的,应当对实习学生进行相应的安全生产教育和培训,提供必要的劳动防护用品。学校应当协助生产经营单位对实习学生进行安全生产教育和培训。

生产经营单位应当建立安全生产教育和培训档案,如实记录安全生产教育和培训的时间、内容、参加人员以及考核结果等情况。

生产经营单位采用新工艺、新技术、新材料或者使用新设备,必须了解、掌握其安全技术特性,采取有效的安全防护措施,并对从业人员进行专门的安全生产教育和培训。

生产经营单位的从业人员未经安全生产教育和培训合格,不得上岗作业。

（十九）特种作业人员取得相应资格

生产经营单位的特种作业人员必须按照国家有关规定经专门的安全作业培训,取得相应资格,方可上岗作业。

特种作业人员的范围由国务院应急管理部门会同国务院有关部门确定。

（二十）安全设施"三同时"

生产经营单位新建、改建、扩建工程项目(以下统称建设项目)的安全设施,必须与主体工程同时设计、同时施工、同时投入生产和使用。安全设施投资应当纳入建设项目概算。

安全设施"三同时"是生产经营单位特别是危险化学品生产经营单位安全生产的重要保障措施,而且是一种事前保障措施。

安全设施是指企业在生产经营活动中将危险因素、有害因素控制在安全范围内以及预防、减少、消除危害所配备的装置和采取的措施。

企业应严格执行安全设施管理制度,建立安全设施台账。

（二十一）安全评价

矿山、金属冶炼建设项目和用于生产、储存、装卸危险物品的建设项目,应当按照国家有关规定进行安全评价。

（二十二）安全设施设计

建设项目安全设施的设计人、设计单位应当对安全设施设计负责。

矿山、金属冶炼建设项目和用于生产、储存、装卸危险物品的建设项目的安全设施设计应当按照国家有关规定报经有关部门审查，审查部门及其负责审查的人员对审查结果负责。

建设项目安全设施施工完成后，建设单位应当按照有关安全生产的法律、法规、规章和标准的规定，对建设项目安全设施进行检验、检测。

（二十三）安全设施验收

矿山、金属冶炼建设项目和用于生产、储存、装卸危险物品的建设项目的施工单位必须按照批准的安全设施设计施工，并对安全设施的工程质量负责。

矿山、金属冶炼建设项目和用于生产、储存危险物品的建设项目竣工投入生产或者使用前，应当由建设单位负责组织对安全设施进行验收；验收合格后，方可投入生产和使用。负有安全生产监督管理职责的部门应当加强对建设单位验收活动和验收结果的监督核查。

（二十四）安全警示标志

生产经营单位应当在有较大危险因素的生产经营场所和有关设施、设备上，设置明显的安全警示标志。

（二十五）安全设备

安全设备的设计、制造、安装、使用、检测、维修、改造和报废，应当符合国家标准或者行业标准。

生产经营单位必须对安全设备进行经常性维护、保养，并定期检测，保证正常运转。维护、保养、检测应当做好记录，并由有关人员签字。

生产经营单位不得关闭、破坏直接关系生产安全的监控、报警、防护、救生设备、设施，或者篡改、隐瞒、销毁其相关数据、信息。

餐饮等行业的生产经营单位使用燃气的，应当安装可燃气体报警装置，并保障其正常使用。

（二十六）严重危及生产安全的工艺、设备实行淘汰制度

国家对严重危及生产安全的工艺、设备实行淘汰制度，具体目录由国务院应急管理部门会同国务院有关部门制定并公布。法律、行政法规对目录的制定另有规定的，适用其规定。

省、自治区、直辖市人民政府可以根据本地区实际情况制定并公布具体目录，对前款规定以外的危及生产安全的工艺、设备予以淘汰。

生产经营单位不得使用应当淘汰的危及生产安全的工艺、设备。

（二十七）重大危险源安全管理

生产经营单位对重大危险源应当登记建档，进行定期检测、评估、监控，并制定应急预案，告知从业人员和相关人员在紧急情况下应当采取的应急措施。

生产经营单位应当按照国家有关规定将本单位重大危险源及有关安全措施、应急措施报有关地方人民政府应急管理部门和有关部门备案。有关地方人民政府应急管理部门和有关部门应当通过相关信息系统实现信息共享。

(二十八) 事故隐患排查治理

生产经营单位应当建立安全风险分级管控制度,按照安全风险分级采取相应的管控措施。

生产经营单位应当建立健全并落实生产安全事故隐患排查治理制度,采取技术、管理措施,及时发现并消除事故隐患。事故隐患排查治理情况应当如实记录,并通过职工大会或者职工代表大会、信息公示栏等方式向从业人员通报。其中,重大事故隐患排查治理情况应当及时向负有安全生产监督管理职责的部门和职工大会或者职工代表大会报告。

县级以上地方各级人民政府负有安全生产监督管理职责的部门应当将重大事故隐患纳入相关信息系统,建立健全重大事故隐患治理督办制度,督促生产经营单位消除重大事故隐患。

生产经营单位对排查出的事故隐患,应当及时进行治理、登记、建档。

(二十九) 安全距离、出口

生产、经营、储存、使用危险物品的车间、商店、仓库不得与员工宿舍在同一座建筑物内,并应当与员工宿舍保持安全距离。

生产经营场所和员工宿舍应当设有符合紧急疏散要求、标志明显、保持畅通的出口、疏散通道。禁止占用、锁闭、封堵生产经营场所或者员工宿舍的出口、疏散通道。

(三十) 危险作业

生产经营单位进行爆破、吊装、动火、临时用电以及国务院应急管理部门会同国务院有关部门规定的其他危险作业,应当安排专门人员进行现场安全管理,确保操作规程的遵守和安全措施的落实。

(三十一) 告知

生产经营单位应当教育和督促从业人员严格执行本单位的安全生产规章制度和安全操作规程,并向从业人员如实告知作业场所和工作岗位存在的危险因素、防范措施以及事故应急措施。

生产经营单位应当关注从业人员的身体、心理状况和行为习惯,加强对从业人员的心理疏导、精神慰藉,严格落实岗位安全生产责任,防范从业人员行为异常导致事故发生。

(三十二) 劳动防护用品

生产经营单位必须为从业人员提供符合国家标准或者行业标准的劳动防护用品,并监督、教育从业人员按照使用规则佩戴、使用。

人们在生产和生活中为防御各种职业危害和伤害而在劳动过程中穿戴和配备的各种用品的总称称为个人劳动防护用品。

正确选用劳动防护用品是保证企业员工劳动过程中安全和健康的重要措施之一。企业选用劳动防护用品的前提是该用品符合标准,即符合国家标准或者行业标准。

特种劳动防护用品实行安全标志管理。

(三十三) 安全检查

生产经营单位的安全生产管理人员应当根据本单位的生产经营特点,对安全生产状况进行经常性检查;对检查中发现的安全问题,应当立即处理;不能处理的,应当及时报告本单位有关负责人,有关负责人应当及时处理。检查及处理情况应当如实记录在案。

生产经营单位的安全生产管理人员在检查中发现重大事故隐患,依照前款规定向本单位有关负责人报告,有关负责人不及时处理的,安全生产管理人员可以向主管的负有安全生产监督管理职责的部门报告,接到报告的部门应当依法及时处理。

安全生产检查是安全管理工作的重要内容,是消除隐患、防止事故发生、改善劳动条件的重要手段。

(三十四) 安全经费

生产经营单位应当安排用于配备劳动防护用品、进行安全生产培训的经费。

(三十五) 安全生产管理协议

两个以上生产经营单位在同一作业区域内进行生产经营活动,可能危及对方生产安全的,应当签订安全生产管理协议,明确各自的安全生产管理职责和应当采取的安全措施,并指定专职安全生产管理人员进行安全检查与协调。

(三十六) 项目、场所、设备发包或者出租

生产经营单位不得将生产经营项目、场所、设备发包或者出租给不具备安全生产条件或者相应资质的单位或者个人。

生产经营项目、场所发包或者出租给其他单位的,生产经营单位应当与承包单位、承租单位签订专门的安全生产管理协议,或者在承包合同、租赁合同中约定各自的安全生产管理职责;生产经营单位对承包单位、承租单位的安全生产工作统一协调、管理,定期进行安全检查,发现安全问题的,应当及时督促整改。

矿山、金属冶炼建设项目和用于生产、储存、装卸危险物品的建设项目的施工单位应当加强对施工项目的安全管理,不得倒卖、出租、出借、挂靠或者以其他形式非法转让施工资质,不得将其承包的全部建设工程转包给第三人或者将其承包的全部建设工程支解以后以分包的名义分别转包给第三人,不得将工程分包给不具备相应资质条件的单位。

(三十七) 事故抢救

生产经营单位发生生产安全事故时,单位的主要负责人应当立即组织抢救,并不得在事故调查处理期间擅离职守。

(三十八) 工伤保险

生产经营单位必须依法参加工伤保险,为从业人员缴纳保险费。

国家鼓励生产经营单位投保安全生产责任保险。属于国家规定的高危行业、领域的生产经营单位,应当投保安全生产责任保险。具体范围和实施办法由国务院应急管理部门会同国务院财政部门、国务院保险监督管理机构和相关行业主管部门制定。

(三十九) 劳动合同载明保障从业人员安全的事项

生产经营单位与从业人员订立的劳动合同,应当载明有关保障从业人员劳动安全、防止职业危害的事项,以及依法为从业人员办理工伤保险的事项。

生产经营单位不得以任何形式与从业人员订立协议,免除或者减轻其对从业人员因生产安全事故伤亡依法应承担的责任。

(四十)从业人员的知情权

生产经营单位的从业人员有权了解其作业场所和工作岗位存在的危险因素、防范措施及事故应急措施,有权对本单位的安全生产工作提出建议。

(四十一)从业人员的批评、检举、控告权

从业人员有权对本单位安全生产工作中存在的问题提出批评、检举、控告;有权拒绝违章指挥和强令冒险作业。

生产经营单位不得因从业人员对本单位安全生产工作提出批评、检举、控告或者拒绝违章指挥、强令冒险作业而降低其工资、福利等待遇或者解除与其订立的劳动合同。

(四十二)从业人员的避险权

从业人员发现直接危及人身安全的紧急情况时,有权停止作业或者在采取可能的应急措施后撤离作业场所。

生产经营单位不得因从业人员在前款紧急情况下停止作业或者采取紧急撤离措施而降低其工资、福利等待遇或者解除与其订立的劳动合同。

(四十三)从业人员的求偿权

生产经营单位发生生产安全事故后,应当及时采取措施救治有关人员。

因生产安全事故受到损害的从业人员,除依法享有工伤保险外,依照有关民事法律尚有获得赔偿的权利的,有权提出赔偿要求。

按照《安全生产法》的规定,从业人员可以享受的权利包括:知情权、建议权、批评权、检举权、控告权、拒绝权、避险权、求偿权、保护权、受教育权。

(四十四)从业人员报告事故隐患或者其他不安全因素

从业人员发现事故隐患或者其他不安全因素,应当立即向现场安全生产管理人员或者本单位负责人报告;接到报告的人员应当及时予以处理。

(四十五)工会安全生产权利

工会有权对建设项目的安全设施与主体工程同时设计、同时施工、同时投入生产和使用进行监督,提出意见。

工会对生产经营单位违反安全生产法律、法规,侵犯从业人员合法权益的行为,有权要求纠正;发现生产经营单位违章指挥、强令冒险作业或者发现事故隐患时,有权提出解决的建议,生产经营单位应当及时研究答复;发现危及从业人员生命安全的情况时,有权向生产经营单位建议组织从业人员撤离危险场所,生产经营单位必须立即作出处理。

工会有权依法参加事故调查,向有关部门提出处理意见,并要求追究有关人员的责任。

(四十六)配合监督检查

生产经营单位对负有安全生产监督管理职责的部门的监督检查人员依法履行监督检查职责,应当予以配合,不得拒绝、阻挠。

生产经营单位不可以以技术保密、业务保密等理由拒绝检查。

（四十七）建立举报制度

负有安全生产监督管理职责的部门应当建立举报制度，公开举报电话、信箱或者电子邮件地址等网络举报平台，受理有关安全生产的举报；受理的举报事项经调查核实后，应当形成书面材料；需要落实整改措施的，报经有关负责人签字并督促落实。对不属于本部门职责，需要由其他有关部门进行调查处理的，转交其他有关部门处理。

涉及人员死亡的举报事项，应当由县级以上人民政府组织核查处理。

（四十八）报告或者举报安全生产违法行为

任何单位或者个人对事故隐患或者安全生产违法行为，均有权向负有安全生产监督管理职责的部门报告或者举报。

因安全生产违法行为造成重大事故隐患或者导致重大事故，致使国家利益或者社会公共利益受到侵害的，人民检察院可以根据民事诉讼法、行政诉讼法的相关规定提起公益诉讼。

（四十九）应急救援预案

生产经营单位应当制定本单位生产安全事故应急救援预案，与所在地县级以上地方人民政府组织制定的生产安全事故应急救援预案相衔接，并定期组织演练。

（五十）建立应急救援组织

危险物品的生产、经营、储存单位以及矿山、金属冶炼、城市轨道交通运营、建筑施工单位应当建立应急救援组织；生产经营规模较小的，可以不建立应急救援组织，但应当指定兼职的应急救援人员。

危险物品的生产、经营、储存、运输单位以及矿山、金属冶炼、城市轨道交通运营、建筑施工单位应当配备必要的应急救援器材、设备和物资，并进行经常性维护、保养，保证正常运转。

（五十一）生产经营单位事故报告与救援

生产经营单位发生生产安全事故后，事故现场有关人员应当立即报告本单位负责人。

单位负责人接到事故报告后，应当迅速采取有效措施，组织抢救，防止事故扩大，减少人员伤亡和财产损失，并按照国家有关规定立即如实报告当地负有安全生产监督管理职责的部门，不得隐瞒不报、谎报或者迟报，不得故意破坏事故现场、毁灭有关证据。

（五十二）政府和负有安全生产监督管理职责的部门的负责人组织事故抢救

有关地方人民政府和负有安全生产监督管理职责的部门的负责人接到生产安全事故报告后，应当按照生产安全事故应急救援预案的要求立即赶到事故现场，组织事故抢救。

参与事故抢救的部门和单位应当服从统一指挥，加强协同联动，采取有效的应急救援措施，并根据事故救援的需要采取警戒、疏散等措施，防止事故扩大和次生灾害的发生，减少人员伤亡和财产损失。

事故抢救过程中应当采取必要措施，避免或者减少对环境造成的危害。

任何单位和个人都应当支持、配合事故抢救，并提供一切便利条件。

（五十三）事故调查处理

事故调查处理应当按照科学严谨、依法依规、实事求是、注重实效的原则，及时、准确地查清事故原因，查明事故性质和责任，评估应急处置工作总结事故教训，提出整改措施，并对事故责任单位和人员提出处理建议。事故调查报告应当依法及时向社会公布。事故调查和处理的具体办法由国务院制定。

事故发生单位应当及时全面落实整改措施，负有安全生产监督管理职责的部门应当加强监督检查。

负责事故调查处理的国务院有关部门和地方人民政府应当在批复事故调查报告后一年内，组织有关部门对事故整改和防范措施落实情况进行评估，并及时向社会公开评估结果；对不履行职责导致事故整改和防范措施没有落实的有关单位和人员，应当按照有关规定追究责任。

二、消防法及解读

1998年4月29日第九届全国人民代表大会常务委员会第二次会议通过。2008年10月28日第十一届全国人民代表大会常务委员会第五次会议修订通过。根据2019年4月23日第十三届全国人民代表大会常务委员会第十次会议《关于修改〈中华人民共和国建筑法〉等八部法律的决定》修正。《中华人民共和国消防法》的内容包括总则、火灾预防、消防组织、灭火救援、监督检查、法律责任、附则共七章七十四条。

（一）立法目的

为了预防火灾和减少火灾危害，加强应急救援工作，保护人身、财产安全，维护公共安全，制定本法。

（二）消防工作方针

消防工作贯彻预防为主、防消结合的方针，按照政府统一领导、部门依法监管、单位全面负责、公民积极参与的原则，实行消防安全责任制，建立健全社会化的消防工作网络。

（三）国务院应急管理部门对全国的消防工作实施监督管理

国务院应急管理部门对全国的消防工作实施监督管理。县级以上地方人民政府应急管理部门对本行政区域内的消防工作实施监督管理，并由本级人民政府消防救援机构负责实施。军事设施的消防工作，由其主管单位监督管理，消防救援机构协助；矿井地下部分、核电厂、海上石油天然气设施的消防工作，由其主管单位监督管理。

县级以上人民政府其他有关部门在各自的职责范围内，依照本法和其他相关法律、法规的规定做好消防工作。

法律、行政法规对森林、草原的消防工作另有规定的，从其规定。

（四）消防义务

任何单位和个人都有维护消防安全、保护消防设施、预防火灾、报告火警的义务。任何单位和成年人都有参加有组织的灭火工作的义务。

（五）消防宣传教育

各级人民政府应当组织开展经常性的消防宣传教育，提高公民的消防安全意识。

（六）建设工程的消防设计、施工符合消防技术标准

建设工程的消防设计、施工必须符合国家工程建设消防技术标准。建设、设计、施工、工程监理等单位依法对建设工程的消防设计、施工质量负责。

（七）机关、团体、企业、事业等单位消防安全职责

1. 落实消防安全责任制，制定本单位的消防安全制度、消防安全操作规程，制定灭火和应急疏散预案。

2. 按照国家标准、行业标准配置消防设施、器材，设置消防安全标志，并定期组织检验、维修，确保完好有效。

3. 对建筑消防设施每年至少进行一次全面检测，确保完好有效，检测记录应当完整准确，存档备查。

4. 保障疏散通道、安全出口、消防车通道畅通，保证防火防烟分区、防火间距符合消防技术标准。

5. 组织防火检查，及时消除火灾隐患。

6. 组织进行有针对性的消防演练。

7. 法律、法规规定的其他消防安全职责。

单位的主要负责人是本单位的消防安全责任人。

（八）消防安全重点单位消防安全职责

消防安全重点单位除应当履行机关、团体、企业、事业等单位消防安全七条职责外，还应当履行下列消防安全职责：

1. 确定消防安全管理人，组织实施本单位的消防安全管理工作。

2. 建立消防档案，确定消防安全重点部位，设置防火标志，实行严格管理。

3. 实行每日防火巡查，并建立巡查记录。

4. 对职工进行岗前消防安全培训，定期组织消防安全培训和消防演练。

（九）安全距离

生产、储存、经营易燃易爆危险品的场所不得与居住场所设置在同一建筑物内，并应当与居住场所保持安全距离。

生产、储存、经营其他物品的场所与居住场所设置在同一建筑物内的，应当符合国家工程建设消防技术标准。

（十）禁止在危险的场所使用明火

禁止在具有火灾、爆炸危险的场所吸烟、使用明火。因施工等特殊情况需要使用明火作业的，应当按照规定事先办理审批手续，采取相应的消防安全措施；作业人员应当遵守消防安全规定。

进行电焊、气焊等具有火灾危险作业的人员和自动消防系统的操作人员，必须持证上岗，并遵守消防安全操作规程。

（十一）工厂、仓库和专用车站、码头、充装站、供应站、调压站消防安全要求

生产、储存、装卸易燃易爆危险品的工厂、仓库和专用车站、码头的设置，应当符合消防技术

标准。易燃易爆气体和液体的充装站、供应站、调压站,应当设置在符合消防安全要求的位置,并符合防火防爆要求。

已经设置的生产、储存、装卸易燃易爆危险品的工厂、仓库和专用车站、码头,易燃易爆气体和液体的充装站、供应站、调压站,不再符合前款规定的,地方人民政府应当组织、协调有关部门、单位限期解决,消除安全隐患。

(十二)消防产品符合国家标准

消防产品必须符合国家标准;没有国家标准的,必须符合行业标准。禁止生产、销售或者使用不合格的消防产品以及国家明令淘汰的消防产品。

(十三)不得损坏、挪用或者擅自拆除、停用消防设施、器材

任何单位、个人不得损坏、挪用或者擅自拆除、停用消防设施、器材,不得埋压、圈占、遮挡消火栓或者占用防火间距,不得占用、堵塞、封闭疏散通道、安全出口、消防车通道。人员密集场所的门窗不得设置影响逃生和灭火救援的障碍物。

(十四)单位专职消防队

下列单位应当建立单位专职消防队,承担本单位的火灾扑救工作:

1. 大型核设施单位、大型发电厂、民用机场、主要港口。

2. 生产、储存易燃易爆危险品的大型企业。

3. 储备可燃的重要物资的大型仓库、基地。

4. 火灾危险性较大、距离公安消防队较远的其他大型企业。

5. 距离公安消防队较远、被列为全国重点文物保护单位的古建筑群的管理单位。

(十五)任何人发现火灾都应当立即报警

任何单位、个人都应当无偿为报警提供便利,不得阻拦报警。严禁谎报火警。

(十六)消防机构有权封闭火灾现场,负责调查火灾原因

消防机构有权根据需要封闭火灾现场,负责调查火灾原因,统计火灾损失。

火灾扑灭后,发生火灾的单位和相关人员应当按照公安机关消防机构的要求保护现场,接受事故调查,如实提供与火灾有关的情况。

三、特种设备安全法及解读

《中华人民共和国特种设备安全法》于 2013 年 6 月 29 日公布,自 2014 年 1 月 1 日起施行。《特种设备安全法》的内容包括总则、生产经营使用、检验检测、监督管理、事故应急救援与调查处理、法律责任、附则共七章一百零一条。

(一)适用范围

特种设备的生产(包括设计、制造、安装、改造、修理)、经营、使用、检验、检测和特种设备安全的监督管理,适用本法。

本法所称特种设备,是指对人身和财产安全有较大危险性的锅炉、压力容器(含气瓶)、压力管道、电梯、起重机械、客运索道、大型游乐设施、场(厂)内专用机动车辆,以及法律、行政法规规

定适用本法的其他特种设备。

（二）特种设备安全工作原则

特种设备安全工作应当坚持安全第一、预防为主、节能环保、综合治理的原则。

（三）特种设备生产、经营、使用的一般规定

1. 特种设备生产、经营、使用单位及其主要负责人对其生产、经营、使用的特种设备安全负责。

特种设备生产、经营、使用单位应当按照国家有关规定配备特种设备安全管理人员、检测人员和作业人员，并对其进行必要的安全教育和技能培训。

2. 特种设备安全管理人员、检测人员和作业人员应当按照国家有关规定取得相应资格，方可从事相关工作。特种设备安全管理人员、检测人员和作业人员应当严格执行安全技术规范和管理制度，保证特种设备安全。

3. 特种设备生产、经营、使用单位对其生产、经营、使用的特种设备应当进行自行检测和维护保养，对国家规定实行检验的特种设备应当及时申报并接受检验。

4. 特种设备采用新材料、新技术、新工艺，与安全技术规范的要求不一致，或者安全技术规范未作要求、可能对安全性能有重大影响的，应当向国务院负责特种设备安全监督管理的部门申报，由国务院负责特种设备安全监督管理的部门及时委托安全技术咨询机构或者相关专业机构进行技术评审，评审结果经国务院负责特种设备安全监督管理的部门批准，方可投入生产、使用。

（四）特种设备生产

1. 国家按照分类监督管理的原则对特种设备生产实行许可制度。特种设备生产单位应当具备下列条件，并经负责特种设备安全监督管理的部门许可，方可从事生产活动：

（1）有与生产相适应的专业技术人员。

（2）有与生产相适应的设备、设施和工作场所。

（3）有健全的质量保证、安全管理和岗位责任等制度。

2. 特种设备生产单位应当保证特种设备生产符合安全技术规范及相关标准的要求，对其生产的特种设备的安全性能负责。不得生产不符合安全性能要求和能效指标以及国家明令淘汰的特种设备。

3. 锅炉、气瓶、氧舱、客运索道、大型游乐设施的设计文件，应当经负责特种设备安全监督管理的部门核准的检验机构鉴定，方可用于制造。

特种设备产品、部件或者试制的特种设备新产品、新部件以及特种设备采用的新材料，按照安全技术规范的要求需要通过型式试验进行安全性验证的，应当经负责特种设备安全监督管理的部门核准的检验机构进行型式试验。

4. 特种设备出厂时，应当随附安全技术规范要求的设计文件、产品质量合格证明、安装及使用维护保养说明、监督检验证明等相关技术资料和文件，并在特种设备显著位置设置产品铭牌、安全警示标志及其说明。

5. 电梯的安装、改造、修理，必须由电梯制造单位或者其委托的依照本法取得相应许可的单位进行。电梯制造单位委托其他单位进行电梯安装、改造、修理的,应当对其安装、改造、修理进行安全指导和监控,并按照安全技术规范的要求进行校验和调试。电梯制造单位对电梯安全性能负责。

6. 特种设备安装、改造、修理的施工单位应当在施工前将拟进行的特种设备安装、改造、修理情况书面告知直辖市或者设区的市级人民政府负责特种设备安全监督管理的部门。

7. 特种设备安装、改造、修理竣工后,安装、改造、修理的施工单位应当在验收后三十日内将相关技术资料和文件移交特种设备使用单位。特种设备使用单位应当将其存入该特种设备的安全技术档案。

8. 锅炉、压力容器、压力管道元件等特种设备的制造过程和锅炉、压力容器、压力管道、电梯、起重机械、客运索道、大型游乐设施的安装、改造、重大修理过程,应当经特种设备检验机构按照安全技术规范的要求进行监督检验;未经监督检验或者监督检验不合格的,不得出厂或者交付使用。

9. 国家建立缺陷特种设备召回制度。因生产原因造成特种设备存在危及安全的同一性缺陷的,特种设备生产单位应当立即停止生产,主动召回。

(五) 特种设备经营

1. 特种设备销售单位销售的特种设备,应当符合安全技术规范及相关标准的要求,其设计文件、产品质量合格证明、安装及使用维护保养说明、监督检验证明等相关技术资料和文件应当齐全。

特种设备销售单位应当建立特种设备检查验收和销售记录制度。

禁止销售未取得许可生产的特种设备、未经检验和检验不合格的特种设备,或者国家明令淘汰和已经报废的特种设备。

2. 特种设备出租单位不得出租未取得许可生产的特种设备或者国家明令淘汰和已经报废的特种设备,以及未按照安全技术规范的要求进行维护保养和未经检验或者检验不合格的特种设备。

3. 特种设备在出租期间的使用管理和维护保养义务由特种设备出租单位承担,法律另有规定或者当事人另有约定的除外。

4. 进口的特种设备应当符合我国安全技术规范的要求,并经检验合格;需要取得我国特种设备生产许可的,应当取得许可。

进口特种设备随附的技术资料和文件应当符合本法第二十一条的规定,其安装及使用维护保养说明、产品铭牌、安全警示标志及其说明应当采用中文。

特种设备的进出口检验,应当遵守有关进出口商品检验的法律、行政法规。

5. 进口特种设备,应当向进口地负责特种设备安全监督管理的部门履行提前告知义务。

(六) 使用

1. 特种设备使用单位应当使用取得许可生产并经检验合格的特种设备。

禁止使用国家明令淘汰和已经报废的特种设备。

2. 特种设备使用单位应当在特种设备投入使用前或者投入使用后三十日内,向负责特种设备安全监督管理的部门办理使用登记,取得使用登记证书。登记标志应当置于该特种设备的显著位置。

3. 特种设备使用单位应当建立岗位责任、隐患治理、应急救援等安全管理制度,制定操作规程,保证特种设备安全运行。

4. 特种设备使用单位应当建立特种设备安全技术档案。安全技术档案应当包括以下内容:

（1）特种设备的设计文件、产品质量合格证明、安装及使用维护保养说明、监督检验证明等相关技术资料和文件。

（2）特种设备的定期检验和定期自行检查记录。

（3）特种设备的日常使用状况记录。

（4）特种设备及其附属仪器仪表的维护保养记录。

（5）特种设备的运行故障和事故记录。

5. 电梯、客运索道、大型游乐设施等为公众提供服务的特种设备的运营使用单位,应当对特种设备的使用安全负责,设置特种设备安全管理机构或者配备专职的特种设备安全管理人员;其他特种设备使用单位,应当根据情况设置特种设备安全管理机构或者配备专职、兼职的特种设备安全管理人员。

6. 特种设备的使用应当具有规定的安全距离、安全防护措施。

与特种设备安全相关的建筑物、附属设施,应当符合有关法律、行政法规的规定。

7. 特种设备属于共有的,共有人可以委托物业服务单位或者其他管理人管理特种设备,受托人履行本法规定的特种设备使用单位的义务,承担相应责任。共有人未委托的,由共有人或者实际管理人履行管理义务,承担相应责任。

8. 特种设备使用单位应当对其使用的特种设备进行经常性维护保养和定期自行检查,并作出记录。

特种设备使用单位应当对其使用的特种设备的安全附件、安全保护装置进行定期校验、检修,并作出记录。

9. 特种设备使用单位应当按照安全技术规范的要求,在检验合格有效期届满前一个月向特种设备检验机构提出定期检验要求。

特种设备检验机构接到定期检验要求后,应当按照安全技术规范的要求及时进行安全性能检验。特种设备使用单位应当将定期检验标志置于该特种设备的显著位置。

未经定期检验或者检验不合格的特种设备,不得继续使用。

10. 特种设备安全管理人员应当对特种设备使用状况进行经常性检查,发现问题应当立即处理;情况紧急时,可以决定停止使用特种设备并及时报告本单位有关负责人。

特种设备作业人员在作业过程中发现事故隐患或者其他不安全因素,应当立即向特种设备安全管理人员和单位有关负责人报告;特种设备运行不正常时,特种设备作业人员应当按照操作规程采取有效措施保证安全。

11. 特种设备出现故障或者发生异常情况,特种设备使用单位应当对其进行全面检查,消除事故隐患,方可继续使用。

12. 客运索道、大型游乐设施在每日投入使用前,其运营使用单位应当进行试运行和例行安全检查,并对安全附件和安全保护装置进行检查确认。

电梯、客运索道、大型游乐设施的运营使用单位应当将电梯、客运索道、大型游乐设施的安全使用说明、安全注意事项和警示标志置于易于为乘客注意的显著位置。

公众乘坐或者操作电梯、客运索道、大型游乐设施,应当遵守安全使用说明和安全注意事项的要求,服从有关工作人员的管理和指挥;遇有运行不正常时,应当按照安全指引,有序撤离。

13. 锅炉使用单位应当按照安全技术规范的要求进行锅炉水(介)质处理,并接受特种设备检验机构的定期检验。

从事锅炉清洗,应当按照安全技术规范的要求进行,并接受特种设备检验机构的监督检验。

14. 电梯的维护保养应当由电梯制造单位或者依照本法取得许可的安装、改造、修理单位进行。

电梯的维护保养单位应当在维护保养中严格执行安全技术规范的要求,保证其维护保养的电梯的安全性能,并负责落实现场安全防护措施,保证施工安全。

电梯的维护保养单位应当对其维护保养的电梯的安全性能负责;接到故障通知后,应当立即赶赴现场,并采取必要的应急救援措施。

15. 电梯投入使用后,电梯制造单位应当对其制造的电梯的安全运行情况进行跟踪调查和了解,对电梯的维护保养单位或者使用单位在维护保养和安全运行方面存在的问题,提出改进建议,并提供必要的技术帮助;发现电梯存在严重事故隐患时,应当及时告知电梯使用单位,并向负责特种设备安全监督管理的部门报告。电梯制造单位对调查和了解的情况,应当作出记录。

16. 特种设备进行改造、修理,按照规定需要变更使用登记的,应当办理变更登记,方可继续使用。

17. 特种设备存在严重事故隐患,无改造、修理价值,或者达到安全技术规范规定的其他报废条件的,特种设备使用单位应当依法履行报废义务,采取必要措施消除该特种设备的使用功能,并向原登记的负责特种设备安全监督管理的部门办理使用登记证书注销手续。

前款规定报废条件以外的特种设备,达到设计使用年限可以继续使用的,应当按照安全技术规范的要求通过检验或者安全评估,并办理使用登记证书变更,方可继续使用。允许继续使用的,应当采取加强检验、检测和维护保养等措施,确保使用安全。

18. 移动式压力容器、气瓶充装单位,应当具备下列条件,并经负责特种设备安全监督管理的部门许可,方可从事充装活动:

(1) 有与充装和管理相适应的管理人员和技术人员。

(2) 有与充装和管理相适应的充装设备、检测手段、场地厂房、器具、安全设施。

(3) 有健全的充装管理制度、责任制度、处理措施。

充装单位应当建立充装前后的检查、记录制度,禁止对不符合安全技术规范要求的移动式压力容器和气瓶进行充装。

气瓶充装单位应当向气体使用者提供符合安全技术规范要求的气瓶,对气体使用者进行气瓶安全使用指导,并按照安全技术规范的要求办理气瓶使用登记,及时申报定期检验。

（七）有关特种设备的定义

1. 锅炉　是指利用各种燃料、电或者其他能源，将所盛装的液体加热到一定的参数，并对外输出热能的设备，其范围规定为容积大于或者等于 30 L 的承压蒸汽锅炉；出口水压大于或者等于 0.1 MPa（表压），且额定功率大于或者等于 0.1 MW 的承压热水锅炉；有机热载体锅炉。

2. 压力容器　是指盛装气体或者液体，承载一定压力的密闭设备，其范围规定为最高工作压力大于或者等于 0.1 MPa（表压），且压力与容积的乘积大于或者等于 2.5 MPa·L 的气体、液化气体和最高工作温度高于或者等于标准沸点的液体的固定式容器和移动式容器；盛装公称工作压力大于或者等于 0.2 MPa（表压），且压力与容积的乘积大于或者等于 1.0 MPa·L 的气体、液化气体和标准沸点等于或者低于 60 ℃液体的气瓶；氧舱等。

3. 压力管道　是指利用一定的压力，用于输送气体或者液体的管状设备，其范围规定为最高工作压力大于或者等于 0.1 MPa（表压）的气体、液化气体、蒸汽介质或者可燃、易爆、有毒、有腐蚀性、最高工作温度高于或者等于标准沸点的液体介质，且公称直径大于 25 mm 的管道。

4. 电梯　是指动力驱动，利用沿刚性导轨运行的箱体或者沿固定线路运行的梯级（踏步），进行升降或者平行运送人、货物的机电设备，包括载人（货）电梯、自动扶梯、自动人行道等。

5. 起重机械　是指用于垂直升降或者垂直升降并水平移动重物的机电设备，其范围规定为：额定起重量大于或者等于 0.5 t 的升降机；额定起重量大于或者等于 1 t，且提升高度大于或者等于 2 m 的起重机和承重形式固定的电动葫芦等。

6. 客运索道　是指动力驱动，利用柔性绳索牵引箱体等运载工具运送人员的机电设备，包括客运架空索道、客运缆车、客运拖牵索道等。

7. 大型游乐设施　是指用于经营目的，承载乘客游乐的设施，其范围规定为设计最大运行线速度大于或者等于 2 m/s，或者运行高度距地面大于或者等于 2 m 的载人大型游乐设施。

8. 场（厂）内专用机动车辆　是指除道路交通、农用车辆以外仅在工厂厂区、旅游景区、游乐场所等特定区域使用的专用机动车辆。

特种设备包括其所用的材料、附属的安全附件、安全保护装置和与安全保护装置相关的设施。

四、突发事件应对法及解读

《中华人民共和国突发事件应对法》于 2007 年 8 月 30 日第十届全国人民代表大会常务委员会第二十九次会议通过，自 2007 年 11 月 1 日起施行。《突发事件应对法》内容包括总则、预防与应急准备、监测与预警、应急处置与救援、事后恢复与重建、法律责任、附则等七章七十条。有关内容简述如下：

1. 适用范围　突发事件的预防与应急准备、监测与预警、应急处置与救援、事后恢复与重建等应对活动，适用本法。

2. 突发事件定义　本法所称突发事件，是指突然发生，造成或者可能造成严重社会危害，需要采取应急处置措施予以应对的自然灾害、事故灾难、公共卫生事件和社会安全事件。

按照社会危害程度、影响范围等因素，自然灾害、事故灾难、公共卫生事件分为特别重大、重大、较大和一般四级。

3. 国家建立统一领导、综合协调、分类管理、分级负责、属地管理为主的应急管理体制。

4. 突发事件应对工作实行预防为主、预防与应急相结合的原则。国家建立重大突发事件风险评估体系，对可能发生的突发事件进行综合性评估，减少重大突发事件的发生，最大限度地减轻重大突发事件的影响。

5. 县级人民政府对本行政区域内突发事件的应对工作负责；涉及两个以上行政区域的，由有关行政区域共同的上一级人民政府负责，或者由各有关行政区域的上一级人民政府共同负责。

突发事件发生后，发生地县级人民政府应当立即采取措施控制事态发展，组织开展应急救援和处置工作，并立即向上一级人民政府报告，必要时可以越级上报。

6. 有关人民政府及其部门为应对突发事件，可以征用单位和个人的财产。被征用的财产在使用完毕或者突发事件应急处置工作结束后，应当及时返还。财产被征用或者征用后毁损、灭失的，应当给予补偿。

7. 国家建立健全突发事件应急预案体系　国务院制定国家突发事件总体应急预案，组织制定国家突发事件专项应急预案；国务院有关部门根据各自的职责和国务院相关应急预案，制定国家突发事件部门应急预案。

地方各级人民政府和县级以上地方各级人民政府有关部门根据有关法律、法规、规章、上级人民政府及其有关部门的应急预案以及本地区的实际情况，制定相应的突发事件应急预案。

应急预案制定机关应当根据实际需要和情势变化，适时修订应急预案。应急预案的制定、修订程序由国务院规定。

国务院已经颁布了国家突发公共事件总体应急预案、国家安全生产事故灾难应急预案、国家突发环境事件应急预案等应急预案。专项应急预案主要是国务院及其有关部门为应对某一类型或某几种类型突发公共事件而制定的应急预案。

8. 矿山、建筑施工单位和易燃易爆物品、危险化学品、放射性物品等危险物品的生产、经营、储运、使用单位，应当制定具体应急预案，并对生产经营场所、有危险物品的建筑物、构筑物及周边环境开展隐患排查，及时采取措施消除隐患，防止发生突发事件。

9. 国务院有关部门、县级以上地方各级人民政府及其有关部门、有关单位应当为专业应急救援人员购买人身意外伤害保险，配备必要的防护装备和器材，减少应急救援人员的人身风险。

10. 县级人民政府及其有关部门、乡级人民政府、街道办事处应当组织开展应急知识的宣传普及活动和必要的应急演练。

居民委员会、村民委员会、企业事业单位应当根据所在地人民政府的要求，结合各自的实际情况，开展有关突发事件应急知识的宣传普及活动和必要的应急演练。

11. 县级以上人民政府及其有关部门、专业机构应当通过多种途径收集突发事件信息。

县级人民政府应当在居民委员会、村民委员会和有关单位建立专职或者兼职信息报告员制度。

获悉突发事件信息的公民、法人或者其他组织，应当立即向所在地人民政府、有关主管部门或者指定的专业机构报告。

12. 国家建立健全突发事件预警制度　可以预警的自然灾害、事故灾难和公共卫生事件的预警级别,按照突发事件发生的紧急程度、发展势态和可能造成的危害程度分为一级、二级、三级和四级,分别用红色、橙色、黄色和蓝色标示,一级为最高级别。

13. 任何单位和个人不得编造、传播有关突发事件事态发展或者应急处置工作的虚假信息。

14. 突发事件发生后,履行统一领导职责或者组织处置突发事件的人民政府应当针对其性质、特点和危害程度,立即组织有关部门,调动应急救援队伍和社会力量,依照本章的规定和有关法律、法规、规章的规定采取应急处置措施。

15. 受到自然灾害危害或者发生事故灾难、公共卫生事件的单位,应当立即组织本单位应急救援队伍和工作人员营救受害人员,疏散、撤离、安置受到威胁的人员,控制危险源,标明危险区域,封锁危险场所,并采取其他防止危害扩大的必要措施,同时向所在地县级人民政府报告;对因本单位的问题引发的或者主体是本单位人员的社会安全事件,有关单位应当按照规定上报情况,并迅速派出负责人赶赴现场开展劝解、疏导工作。

突发事件发生地的其他单位应当服从人民政府发布的决定、命令,配合人民政府采取的应急处置措施,做好本单位的应急救援工作,并积极组织人员参加所在地的应急救援和处置工作。

16. 突发事件发生地的公民应当服从人民政府、居民委员会、村民委员会或者所属单位的指挥和安排,配合人民政府采取的应急处置措施,积极参加应急救援工作,协助维护社会秩序。

17. 国务院根据受突发事件影响地区遭受损失的情况,制定扶持该地区有关行业发展的优惠政策。

受突发事件影响地区的人民政府应当根据本地区遭受损失的情况,制定救助、补偿、抚慰、抚恤、安置等善后工作计划并组织实施,妥善解决因处置突发事件引发的矛盾和纠纷。

公民参加应急救援工作或者协助维护社会秩序期间,其在本单位的工资待遇和福利不变;表现突出、成绩显著的,由县级以上人民政府给予表彰或者奖励。

县级以上人民政府对在应急救援工作中伤亡的人员依法给予抚恤。

18. 单位或者个人违反本法规定,不服从所在地人民政府及其有关部门发布的决定、命令或者不配合其依法采取的措施,构成违反治安管理行为的,由公安机关依法给予处罚。

19. 单位或者个人违反本法规定,导致突发事件发生或者危害扩大,给他人人身、财产造成损害的,应当依法承担民事责任。

五、防震减灾法及解读

《中华人民共和国防震减灾法》于 1997 年 12 月 29 日第八届全国人民代表大会常务委员会第二十九次会议通过,2008 年 12 月 27 日第十一届全国人民代表大会常务委员会第六次会议修订,自 2009 年 5 月 1 日起施行。

(一)防震减灾工作方针

防震减灾工作,实行预防为主、防御与救助相结合的方针。

（二）从事防震减灾活动，应当遵守国家有关防震减灾标准

（三）国务院地震工作主管部门负责制定全国地震烈度区划图或者地震动参数区划图

国务院地震工作主管部门和省、自治区、直辖市人民政府负责管理地震工作的部门或者机构，负责审定建设工程的地震安全性评价报告，确定抗震设防要求。

（四）新建、扩建、改建建设工程，应当达到抗震设防要求

重大建设工程和可能发生严重次生灾害的建设工程，应当按照国务院有关规定进行地震安全性评价，并按照经审定的地震安全性评价报告所确定的抗震设防要求进行抗震设防。建设工程的地震安全性评价单位应当按照国家有关标准进行地震安全性评价，并对地震安全性评价报告的质量负责。

对学校、医院等人员密集场所的建设工程，应当按照高于当地房屋建筑的抗震设防要求进行设计和施工，采取有效措施，增强抗震设防能力。

（五）建设单位对建设工程的抗震设计、施工的全过程负责

设计单位应当按照抗震设防要求和工程建设强制性标准进行抗震设计，并对抗震设计的质量以及出具的施工图设计文件的准确性负责。

施工单位应当按照施工图设计文件和工程建设强制性标准进行施工，并对施工质量负责。

建设单位、施工单位应当选用符合施工图设计文件和国家有关标准规定的材料、构配件和设备。

工程监理单位应当按照施工图设计文件和工程建设强制性标准实施监理，并对施工质量承担监理责任。

六、职业病防治法及解读

《中华人民共和国职业病防治法》于 2001 年 10 月 27 日第九届全国人民代表大会常务委员会第二十四次会议通过。根据 2011 年 12 月 31 日第十一届全国人民代表大会常务委员会第二十四次会议《关于修改〈中华人民共和国职业病防治法〉的决定》第一次修正。根据 2016 年 7 月 2 日第十二届全国人民代表大会常务委员会第二十一次会议《关于修改〈中华人民共和国节约能源法〉等六部法律的决定》第二次修正。根据 2017 年 11 月 4 日第十二届全国人民代表大会常务委员会第三十次会议《关于修改〈中华人民共和国会计法〉等十一部法律的决定》第三次修正。根据 2018 年 12 月 29 日第十三届全国人民代表大会常务委员会第七次会议《关于修改〈中华人民共和国劳动法〉等七部法律的决定》第四次修正。

《职业病防治法》是一部职业病防治的综合法律，目的是预防、控制和消除职业病危害，保护劳动者的健康，促进经济发展，实现安全生产。本法包括总则、前期预防、劳动过程中的防护与管理、职业病诊断与职业病病人保障、监督检查、法律责任、附则共七章八十八条。

（一）职业病防治工作方针和机制

职业病防治工作坚持预防为主、防治结合的方针，建立用人单位负责、行政机关监管、行业自律、职工参与和社会监督的机制，实行分类管理、综合治理。

（二）职业病定义

职业病是指企业、事业单位和个体经济组织等用人单位的劳动者在职业活动中,因接触生产过程中的粉尘、放射性物质和其他有毒、有害物质等因素而引起的疾病。

职业病危害是指对从事职业活动的劳动者导致职业病的各种危害。职业病危害因素包括:职业活动中存在的各种有害的化学、物理、生物因素以及在作业过程中产生的其他职业有害因素。

（三）用人单位在职业病防治方面的职责

用人单位在职业病防治方面有以下职责:

1. 用人单位应当为劳动者创造符合国家职业卫生标准和卫生要求的工作环境和条件,并采取措施保障劳动者获得职业卫生保护。

2. 用人单位应当建立健全职业病防治责任制,加强对职业病防治的管理,提高职业病防治水平,对本单位产生的职业病危害承担责任。

3. 用人单位的主要负责人对本单位的职业病防治工作全面负责。

4. 用人单位必须依法参加工伤社会保险。

（四）职业病的前期预防

1. **工作场所的职业卫生要求** 产生职业病危害的用人单位的设立除应当符合法律、行政法规规定的设立条件外,其工作场所还应当符合职业卫生要求:

（1）职业病危害因素的强度或浓度必须符合国家职业卫生标准;

（2）有与职业病危害防护相适应的设施;

（3）生产布局合理,符合有害与无害作业分开的原则;

（4）有配套的更衣间、洗浴间、孕妇休息间等卫生设施:

（5）设备、工具、用具等设施符合保护劳动者生理、心理健康的要求;

（6）法律、行政法规和国务院卫生行政部门关于保护劳动者健康的其他要求。

2. **职业病危害项目申报** 用人单位工作场所存在职业病目录所列职业病的危害因素的,应当及时、如实向所在地卫生行政部门申报危害项目,接受监督。

3. **建设项目职业病危害预评价** 新建、扩建、改建建设项目和技术改造、技术引进项目(以下统称建设项目)可能产生职业病危害的,建设单位在可行性论证阶段应当进行职业病危害预评价。

4. **职业病危害防护设施** 建设项目的职业病防护设施所需费用应当纳入建设项目工程预算,并与主体工程同时设计,同时施工,同时投入生产和使用。

（五）劳动过程中职业病的防护和管理制度

1. **职业病防治管理措施** 用人单位应当采取下列职业病防治管理措施:

（1）设置或者指定职业卫生管理机构或者组织,配备专职或者兼职的职业卫生管理人员,负责本单位的职业病防治工作;

（2）制订职业病防治计划和实施方案;

（3）建立健全职业卫生管理制度和操作规程;

（4）建立健全职业卫生档案和劳动者健康监护档案；

（5）建立健全工作场所职业病危害因素监测及评价制度；

（6）建立健全职业病危害事故应急救援预案。

用人单位应当保障职业病防治所需的资金投入，不得挤占、挪用，并对因资金投入不足导致的后果承担责任。

2. 职业病的个人防护和劳动者受保护的权利　用人单位必须采用有效的职业病防护设施，并为劳动者提供个人使用的职业病防护用品。用人单位为劳动者个人提供的职业病防护用品必须符合防治职业病的要求。不符合要求的，不得使用。用人单位应当优先采用有利于防治职业病和保护劳动者健康的新技术、新工艺、新设备和新材料，逐步替代职业病危害严重的技术、工艺、设备和材料。

3. 工作场所的防护和管理要求

（1）产生职业病危害的用人单位，应当在醒目位置设置公告栏，公布有关职业病防治的规章制度、操作规程、职业病危害事故应急救援措施和工作场所职业病危害因素检测结果。对产生严重职业病危害的作业岗位，应当在其醒目位置，设置警示标识和中文警示说明。警示说明应当载明产生职业病危害的种类、后果、预防以及应急救治措施等内容。

（2）对可能发生急性职业损伤的有毒、有害工作场所，用人单位应当设置报警装置，配置现场急救用品、冲洗设备、应急撤离通道和必要的泄险区。对放射工作场所和放射性同位素的运输、储存，用人单位必须配置防护设备和报警装置，保证接触放射线的工作人员佩戴个人剂量计。

（3）对职业病防护设备、应急救援设施和个人使用的职业病防护用品，用人单位应当进行经常性的维护、检修，定期检测其性能和效果，确保其处于正常状态，不得擅自拆除或者停止使用。

4. 职业危害因素监测

（1）用人单位应当实施由专人负责的职业病危害因素日常监测，并确保监测系统处于正常运行状态。用人单位应当按照国务院卫生行政部门的规定，定期对工作场所进行职业病危害因素检测、评价。检测、评价结果存入用人单位职业卫生档案，定期向所在地卫生行政部门报告并向劳动者公布。

（2）职业病危害因素检测、评价由依法设立的取得国务院卫生行政部门或者设区的市级以上地方人民政府卫生行政部门按照职责分工给予资质认可的职业卫生技术服务机构进行。职业卫生技术服务机构所作检测、评价应当客观、真实。

（3）发现工作场所职业病危害因素不符合国家职业卫生标准和卫生要求时，用人单位应当立即采取相应治理措施，仍然达不到国家职业卫生标准和卫生要求的，必须停止存在职业病危害因素的作业；职业病危害因素经治理后，符合国家职业卫生标准和卫生要求的，方可重新作业。

5. 职业卫生培训要求　用人单位的主要负责人和职业卫生管理人员应当接受职业卫生培训，遵守职业病防治法律、法规，依法组织本单位的职业病防治工作。

用人单位应当对劳动者进行上岗前的职业卫生培训和在岗期间的定期职业卫生培训，普及职业卫生知识，督促劳动者遵守职业病防治法律、法规、规章和操作规程，指导劳动者正确使用职业病防护设备和个人使用的职业病防护用品。

劳动者应当学习和掌握相关的职业卫生知识，增强职业病防范意识，遵守职业病防治法律、法规、规章和操作规程，正确使用、维护职业病防护设备和个人使用的职业病防护用品，发现职业病危害事故隐患应当及时报告。

劳动者不履行上述规定义务的，用人单位应当对其进行教育。

6. 职业健康检查、监护制度

（1）对从事接触职业病危害的作业的劳动者，用人单位应当按照国务院卫生行政部门的规定组织上岗前、在岗期间和离岗时的职业健康检查，并将检查结果书面告知劳动者。职业健康检查费用由用人单位承担。

用人单位不得安排未经上岗前职业健康检查的劳动者从事接触职业病危害的作业；不得安排有职业禁忌的劳动者从事其所禁忌的作业；对在职业健康检查中发现有与所从事职业相关健康损害的劳动者，应当调离原工作岗位，并妥善安置；对未进行离岗前职业健康检查的劳动者不得解除或者终止与其订立的劳动合同。

（2）用人单位应当为劳动者建立职业健康监护档案，并按照规定的期限妥善保存。

职业健康监护档案应当包括劳动者的职业史、职业病危害接触史、职业健康检查结果和职业病诊疗等有关个人健康资料。

劳动者离开用人单位时，有权索取本人职业健康监护档案复印件，用人单位应当如实、无偿提供，并在所提供的复印件上签章。

7. 职业病防治中的劳动关系　用人单位与劳动者订立劳动合同（含聘用合同）时，应当将工作过程中可能产生的职业病危害及其后果、职业病防护措施和待遇等如实告知劳动者，并在劳动合同中写明，不得隐瞒或者欺骗。

劳动者在已订立劳动合同期间因工作岗位或者工作内容变更，从事与所订立劳动合同中未告知的存在职业病危害的作业时，用人单位应当依照上述规定，向劳动者履行如实告知的义务，并协商变更原劳动合同相关条款。

用人单位违反上述规定的，劳动者有权拒绝从事存在职业病危害的作业，用人单位不得因此解除与劳动者所订立的劳动合同。

8. 职业病危害事故处置　发生或者可能发生急性职业病危害事故时，用人单位应当立即采取应急救援和控制措施，并及时报告所在地卫生行政部门和有关部门。卫生行政部门接到报告后，应当及时会同有关部门组织调查处理；必要时，可以采取临时控制措施。卫生行政部门应当组织做好医疗救治工作。

对遭受或者可能遭受急性职业病危害的劳动者，用人单位应当及时组织救治、进行健康检查和医学观察，所需费用由用人单位承担。

9. 禁止事项　用人单位不得安排未成年工从事接触职业病危害的作业；不得安排孕期、哺乳期的女职工从事对本人和胎儿、婴儿有危害的作业。

10. 劳动者享有的职业卫生保护权利

（1）获得职业卫生教育、培训；

（2）获得职业健康检查、职业病诊疗、康复等职业病防治服务；

（3）了解工作场所产生或者可能产生的职业病危害因素、危害后果和应当采取的职业病防护措施；

（4）要求用人单位提供符合防治职业病要求的职业病防护设施和个人使用的职业病防护用品，改善工作条件；

（5）对违反职业病防治法律、法规以及危及生命健康的行为提出批评、检举和控告；

（6）拒绝违章指挥和强令进行没有职业病防护措施的作业；

（7）参与用人单位职业卫生工作的民主管理，对职业病防治工作提出意见和建议。

用人单位应当保障劳动者行使前款所列权利。因劳动者依法行使正当权利而降低其工资、福利等待遇或者解除、终止与其订立的劳动合同的，其行为无效。

七、劳动法及解读

《中华人民共和国劳动法》于 1994 年 7 月 5 日第八届全国人民代表大会常务委员会第八次会议通过。根据 2009 年 8 月 27 日第十一届全国人民代表大会常务委员会第十次会议《关于修改部分法律的决定》第一次修正。根据 2018 年 12 月 29 日第十三届全国人民代表大会常务委员会第七次会议《关于修改〈中华人民共和国劳动法〉等七部法律的决定》第二次修正。

《劳动法》内容包括总则、促进就业、劳动合同和集体合同、工作时间和休息休假、工资、劳动安全卫生、女职工和未成年工特殊保护、职业培训、社会保险和福利、劳动争议、监督检查、法律责任、附则共十三章一百零七条。

《劳动法》是调整劳动关系以及与劳动关系密切联系的社会关系的法律规范总称。劳动法的立法目的是保护劳动者的合法权益，调整劳动关系，建立和维护适应社会主义市场经济的劳动制度，促进经济发展和社会进步。

（一）劳动合同

1. 建立劳动关系应当订立劳动合同　劳动合同是劳动者与用人单位确立劳动关系、明确双方权利和义务的协议。建立劳动关系应当订立劳动合同。劳动合同依法订立即具有法律约束力，当事人必须履行劳动合同规定的义务。

订立和变更劳动合同，应当遵循平等自愿、协商一致的原则，不得违反法律、行政法规的规定。

2. 劳动合同的订立和解除　劳动合同应当以书面形式订立，并具备以下条款：

（1）劳动合同期限；

（2）工作内容；

（3）劳动保护和劳动条件；

（4）劳动报酬；

（5）劳动纪律；

（6）劳动合同终止的条件；

（7）违反劳动合同的责任。

劳动合同除前款规定的必备条款外，当事人可以协商约定其他内容。

劳动合同可以约定试用期。试用期最长不得超过 6 个月。

经劳动合同当事人协商一致,劳动合同可以解除。

(二)工作时间和休息休假

国家实行劳动者每日工作时间不超过八小时、平均每周工作时间不超过四十四小时的工时制度。

用人单位由于生产经营需要,经与工会和劳动者协商后可以延长工作时间,一般每日不得超过一小时;因特殊原因需要延长工作时间的,在保障劳动者身体健康的条件下延长工作时间每日不得超过三小时,但是每月不得超过三十六小时。

有下列情形之一的,用人单位应当按照下列标准支付高于劳动者正常工作时间工资的工资报酬:

1. 安排劳动者延长工作时间的,支付不低于工资的百分之一百五十的工资报酬。

2. 休息日安排劳动者工作又不能安排补休的,支付不低于工资的百分之二百的工资报酬。

3. 法定休假日安排劳动者工作的,支付不低于工资的百分之三百的工资报酬。

(三)劳动安全卫生

1. 用人单位必须建立健全劳动安全卫生制度,严格执行国家劳动安全卫生规程和标准,对劳动者进行劳动安全卫生教育,防止劳动过程中的事故,减少职业危害。

2. 劳动安全卫生设施必须符合国家规定的标准。改建、扩建工程的劳动安全卫生设施必须与主体工程同时设计、同时施工、同时投入生产和使用。

3. 用人单位必须为劳动者提供符合国家规定的劳动安全卫生条件和必要的劳动防护用品,对从事有职业危害作业的劳动者应当定期进行健康检查。

4. 从事特种作业的劳动者必须经过专门培训并取得特种作业资格。

5. 劳动者在劳动过程中必须严格遵守安全操作规程。劳动者对用人单位管理人员违章指挥、强令冒险作业,有权拒绝执行;对危害生命安全和身体健康的行为,有权提出批评、检举和控告。

八、《中华人民共和国刑法修正案(六)》及解读

(一)第一百三十四条

在生产、作业中违反有关安全管理的规定,因而发生重大伤亡事故或者造成其他严重后果的,处三年以下有期徒刑或者拘役;情节特别恶劣的,处三年以上七年以下有期徒刑。

强令他人违章冒险作业,因而发生重大伤亡事故或者造成其他严重后果的,处五年以下有期徒刑或者拘役;情节特别恶劣的,处五年以上有期徒刑。

(二)第一百三十五条

安全生产设施或者安全生产条件不符合国家规定,因而发生重大伤亡事故或者造成其他严重后果的,对直接负责的主管人员和其他直接责任人员,处三年以下有期徒刑或者拘役;情节特别恶劣的,处三年以上七年以下有期徒刑。

举办大型群众性活动违反安全管理规定,因而发生重大伤亡事故或者造成其他严重后果的,对直接负责的主管人员和其他直接责任人员,处三年以下有期徒刑或者拘役;情节特别恶劣

的,处三年以上七年以下有期徒刑。

(三) 第一百三十六条

违反爆炸性、易燃性、放射性、毒害性、腐蚀性物品的管理规定,在生产、储存、运输、使用中发生重大事故,造成严重后果的,处三年以下有期徒刑或者拘役;后果特别严重的,处三年以上七年以下有期徒刑。

(四) 第一百三十七条

建设单位、设计单位、施工单位、工程监理单位违反国家规定,降低工程质量标准,造成重大安全事故的,对直接责任人员,处五年以下有期徒刑或者拘役,并处罚金;后果特别严重的,处五年以上十年以下有期徒刑,并处罚金。

(五) 第一百三十八条

明知校舍或者教育教学设施有危险,而不采取措施或者不及时报告,致使发生重大伤亡事故的,对直接责任人员,处三年以下有期徒刑或者拘役;后果特别严重的,处三年以上七年以下有期徒刑。

(六) 第一百三十九条

违反消防管理法规,经消防监督机构通知采取改正措施而拒绝执行,造成严重后果的,对直接责任人员,处三年以下有期徒刑或者拘役;后果特别严重的,处三年以上七年以下有期徒刑。

在安全事故发生后,负有报告职责的人员不报或者谎报事故情况,贻误事故抢救,情节严重的,处三年以下有期徒刑或者拘役;情节特别严重的,处三年以上七年以下有期徒刑。

第二节　安全生产法规

一、《安全生产许可证条例》及解读

《安全生产许可证条例》于 2004 年 1 月 13 日以国务院令第 397 号公布,自公布之日起施行。根据 2014 年 7 月 29 日《国务院关于修改部分行政法规的决定》国务院令第 653 号修订。部分重点内容阐述如下:

(一) 国家对矿山企业、建筑施工企业和危险化学品、烟花爆竹、民用爆炸物品生产企业(以下统称企业)实行安全生产许可制度

企业未取得安全生产许可证的,不得从事生产活动。

(二) 企业取得安全生产许可证应具备的安全生产条件

企业取得安全生产许可证,应当具备下列安全生产条件:

1. 建立、健全安全生产责任制,制定完备的安全生产规章制度和操作规程。

2. 安全投入符合安全生产要求。

3. 设置安全生产管理机构,配备专职安全生产管理人员。

4. 主要负责人和安全生产管理人员经考核合格。

5. 特种作业人员经有关业务主管部门考核合格,取得特种作业操作资格证书。

6. 从业人员经安全生产教育和培训合格。

7. 依法参加工伤保险,为从业人员缴纳保险费。

8. 厂房、作业场所和安全设施、设备、工艺符合有关安全生产法律、法规、标准和规程的要求。

9. 有职业危害防治措施,并为从业人员配备符合国家标准或者行业标准的劳动防护用品。

10. 依法进行安全评价。

11. 有重大危险源检测、评估、监控措施和应急预案。

12. 有生产安全事故应急救援预案、应急救援组织或者应急救援人员,配备必要的应急救援器材、设备。

13. 法律、法规规定的其他条件。

(三)申请领取安全生产许可证程序

企业进行生产前,应当依照本条例的规定向安全生产许可证颁发管理机关申请领取安全生产许可证,并提供本条例第六条规定的相关文件、资料。安全生产许可证颁发管理机关应当自收到申请之日起四十五日内审查完毕,经审查符合本条例规定的安全生产条件的,颁发安全生产许可证;不符合本条例规定的安全生产条件的,不予颁发安全生产许可证,书面通知企业并说明理由。

煤矿企业应当以矿(井)为单位,依照本条例的规定取得安全生产许可证。

(四)安全生产许可证的有效期

安全生产许可证的有效期为 3 年。安全生产许可证有效期满需要延期的,企业应当于期满前 3 个月向原安全生产许可证颁发管理机关办理延期手续。

企业在安全生产许可证有效期内,严格遵守有关安全生产的法律法规,未发生死亡事故的,安全生产许可证有效期届满时,经原安全生产许可证颁发管理机关同意,不再审查,安全生产许可证有效期延期 3 年。

(五)定期向社会公布企业取得安全生产许可证的情况

安全生产许可证颁发管理机关应当建立、健全安全生产许可证档案管理制度,并定期向社会公布企业取得安全生产许可证的情况。

(六)企业不得转让、冒用安全生产许可证

企业不得转让、冒用安全生产许可证或者使用伪造的安全生产许可证。

(七)取得安全生产许可证后不得降低安全生产条件

企业取得安全生产许可证后,不得降低安全生产条件,并应当加强日常安全生产管理,接受安全生产许可证颁发管理机关的监督检查。

（八）本条例规定的行政处罚，由安全生产许可证颁发管理机关决定

二、生产安全事故报告和调查处理条例及解读

《生产安全事故报告和调查处理条例》于 2007 年 4 月 9 日以国务院令第 493 号公布，自 2007 年 6 月 1 日起施行。该条例内容包括总则、事故报告、事故调查、事故处理、法律责任、附则共六章四十六条。该条例中部分重点内容阐述如下：

（一）适用范围

生产经营活动中发生的造成人身伤亡或者直接经济损失的生产安全事故的报告和调查处理，适用本条例；环境污染事故、核设施事故、国防科研生产事故的报告和调查处理不适用本条例。

（二）生产安全事故分级

根据生产安全事故（以下简称事故）造成的人员伤亡或者直接经济损失，事故一般分为以下等级：

1. 特别重大事故，是指造成 30 人以上死亡，或者 100 人以上重伤（包括急性工业中毒，下同），或者 1 亿元以上直接经济损失的事故。

2. 重大事故，是指造成 10 人以上 30 人以下死亡，或者 50 人以上 100 人以下重伤，或者 5 000 万元以上 1 亿元以下直接经济损失的事故。

3. 较大事故，是指造成 3 人以上 10 人以下死亡，或者 10 人以上 50 人以下重伤，或者 1 000 万元以上 5 000 万元以下直接经济损失的事故。

4. 一般事故，是指造成 3 人以下死亡，或者 10 人以下重伤，或者 1 000 万元以下直接经济损失的事故。

本条第一款所称的"以上"包括本数，所称的"以下"不包括本数。

（三）事故报告

事故报告应当及时、准确、完整，任何单位和个人对事故不得迟报、漏报、谎报或者瞒报。

（四）县级以上人民政府完成事故调查处理工作

县级以上人民政府应当依照本条例的规定，严格履行职责，及时、准确地完成事故调查处理工作。

事故发生地有关地方人民政府应当支持、配合上级人民政府或者有关部门的事故调查处理工作，并提供必要的便利条件。

参加事故调查处理的部门和单位应当互相配合，提高事故调查处理工作的效率。

（五）工会依法参加事故调查处理

工会依法参加事故调查处理，有权向有关部门提出处理意见。

（六）不得阻挠和干涉对事故的报告和依法调查处理

任何单位和个人不得阻挠和干涉对事故的报告和依法调查处理。

对事故报告和调查处理中的违法行为，任何单位和个人有权向安全生产监督管理部门、监

察机关或者其他有关部门举报,接到举报的部门应当依法及时处理。

(七) 单位负责人报告事故时限

事故发生后,事故现场有关人员应当立即向本单位负责人报告;单位负责人接到报告后,应当于 1 小时内向事故发生地县级以上人民政府安全生产监督管理部门和负有安全生产监督管理职责的有关部门报告。

情况紧急时,事故现场有关人员可以直接向事故发生地县级以上人民政府安全生产监督管理部门和负有安全生产监督管理职责的有关部门报告。

根据有关规定,生产经营单位发生生产安全事故后,事故现场有关人员应当立即报告本单位负责人。单位负责人接到事故报告后,应当迅速采取有效措施,组织抢救,防止事故扩大,减少人员伤亡和财产损失,并按照国家有关规定立即如实报告当地负有安全生产监督管理职责的部门,不得隐瞒不报、谎报或者迟报,不得故意破坏事故现场、毁灭有关证据。

(八) 事故逐级上报规定

安全生产监督管理部门和负有安全生产监督管理职责的有关部门接到事故报告后,应当依照下列规定上报事故情况,并通知公安机关、劳动保障行政部门、工会和人民检察院:

1. 特别重大事故、重大事故逐级上报至国务院安全生产监督管理部门和负有安全生产监督管理职责的有关部门。

2. 较大事故逐级上报至省、自治区、直辖市人民政府安全生产监督管理部门和负有安全生产监督管理职责的有关部门。

3. 一般事故上报至设区的市级人民政府安全生产监督管理部门和负有安全生产监督管理职责的有关部门。

安全生产监督管理部门和负有安全生产监督管理职责的有关部门依照前款规定上报事故情况,应当同时报告本级人民政府。国务院安全生产监督管理部门和负有安全生产监督管理职责的有关部门以及省级人民政府接到发生特别重大事故、重大事故的报告后,应当立即报告国务院。

必要时,安全生产监督管理部门和负有安全生产监督管理职责的有关部门可以越级上报事故情况。

(九) 监管部门逐级上报事故时限

安全生产监督管理部门和负有安全生产监督管理职责的有关部门逐级上报事故情况,每级上报的时间不得超过 2 小时。

(十) 报告事故包括的内容

报告事故应当包括下列内容:

1. 事故发生单位概况。

2. 事故发生的时间、地点以及事故现场情况。

3. 事故的简要经过。

4. 事故已经造成或者可能造成的伤亡人数(包括下落不明的人数)和初步估计的直接经济损失。

5. 已经采取的措施。

6. 其他应当报告的情况。

（十一）事故报告后出现新情况的，应当及时补报

自事故发生之日起 30 日内，事故造成的伤亡人数发生变化的，应当及时补报。道路交通事故、火灾事故自发生之日起 7 日内，事故造成的伤亡人数发生变化的，应当及时补报。

（十二）单位负责人启动事故应急预案

事故发生单位负责人接到事故报告后，应当立即启动事故相应应急预案，或者采取有效措施，组织抢救，防止事故扩大，减少人员伤亡和财产损失。

（十三）有关部门负责人应当立即赶赴事故现场组织事故救援

事故发生地有关地方人民政府、安全生产监督管理部门和负有安全生产监督管理职责的有关部门接到事故报告后，其负责人应当立即赶赴事故现场，组织事故救援。

（十四）保护事故现场

事故发生后，有关单位和人员应当妥善保护事故现场以及相关证据，任何单位和个人不得破坏事故现场、毁灭相关证据。

因抢救人员、防止事故扩大以及疏通交通等原因，需要移动事故现场物件的，应当做出标志，绘制现场简图并做出书面记录，妥善保存现场重要痕迹、物证。

（十五）立案侦查

事故发生地公安机关根据事故的情况，对涉嫌犯罪的，应当依法立案侦查，采取强制措施和侦查措施。犯罪嫌疑人逃匿的，公安机关应当迅速追捕归案。

（十六）建立值班制度

安全生产监督管理部门和负有安全生产监督管理职责的有关部门应当建立值班制度，并向社会公布值班电话，受理事故报告和举报。

（十七）事故调查权限

特别重大事故由国务院或者国务院授权有关部门组织事故调查组进行调查。

重大事故、较大事故、一般事故分别由事故发生地省级人民政府、设区的市级人民政府、县级人民政府负责调查。省级人民政府、设区的市级人民政府、县级人民政府可以直接组织事故调查组进行调查，也可以授权或者委托有关部门组织事故调查组进行调查。

未造成人员伤亡的一般事故，县级人民政府也可以委托事故发生单位组织事故调查组进行调查。

（十八）上级人民政府可以调查由下级人民政府负责调查的事故

上级人民政府认为必要时，可以调查由下级人民政府负责调查的事故。

自事故发生之日起 30 日内（道路交通事故、火灾事故自发生之日起 7 日内），因事故伤亡人数变化导致事故等级发生变化，依照本条例规定应当由上级人民政府负责调查的，上级人民政府可以另行组织事故调查组进行调查。

（十九）事故发生地与事故发生单位不在同一行政区域时调查规定

特别重大事故以下等级事故,事故发生地与事故发生单位不在同一个县级以上行政区域的,由事故发生地人民政府负责调查,事故发生单位所在地人民政府应当派人参加。

（二十）事故调查组的组成应当遵循精简、效能的原则

根据事故的具体情况,事故调查组由有关人民政府、安全生产监督管理部门、负有安全生产监督管理职责的有关部门、监察机关、公安机关以及工会派人组成,并应当邀请人民检察院派人参加。

事故调查组可以聘请有关专家参与调查。

（二十一）事故调查组成员

事故调查组成员应当具有事故调查所需要的知识和专长,并与所调查的事故没有直接利害关系。

（二十二）事故调查组组长

事故调查组组长由负责事故调查的人民政府指定。事故调查组组长主持事故调查组的工作。

（二十三）事故调查组履行的职责

事故调查组履行下列职责:

1. 查明事故发生的经过、原因、人员伤亡情况及直接经济损失。
2. 认定事故的性质和事故责任。
3. 提出对事故责任者的处理建议。
4. 总结事故教训,提出防范和整改措施。
5. 提交事故调查报告。

（二十四）事故调查组有权向有关单位和个人了解与事故有关的情况

事故调查组有权向有关单位和个人了解与事故有关的情况,并要求其提供相关文件、资料,有关单位和个人不得拒绝。

事故发生单位的负责人和有关人员在事故调查期间不得擅离职守,并应当随时接受事故调查组的询问,如实提供有关情况。

（二十五）技术鉴定

事故调查中需要进行技术鉴定的,事故调查组应当委托具有国家规定资质的单位进行技术鉴定。必要时,事故调查组可以直接组织专家进行技术鉴定。技术鉴定所需时间不计入事故调查期限。

（二十六）事故调查组纪律

事故调查组成员在事故调查工作中应当诚信公正、恪尽职守,遵守事故调查组的纪律,保守事故调查的秘密。

未经事故调查组组长允许,事故调查组成员不得擅自发布有关事故的信息。

（二十七）提交事故调查报告

事故调查组应当自事故发生之日起 60 日内提交事故调查报告；特殊情况下，经负责事故调查的人民政府批准，提交事故调查报告的期限可以适当延长，但延长的期限最长不超过 60 日。

（二十八）事故调查报告包括的内容

事故调查报告应当包括下列内容：

1. 事故发生单位概况。

2. 事故发生经过和事故救援情况。

3. 事故造成的人员伤亡和直接经济损失。

4. 事故发生的原因和事故性质。

5. 事故责任的认定以及对事故责任者的处理建议。

6. 事故防范和整改措施。

事故调查报告应当附具有关证据材料。事故调查组成员应当在事故调查报告上签名。

（二十九）事故调查工作结束

事故调查报告报送负责事故调查的人民政府后，事故调查工作即告结束。事故调查的有关资料应当归档保存。

（三十）事故调查批复

重大事故、较大事故、一般事故，负责事故调查的人民政府应当自收到事故调查报告之日起 15 日内做出批复；特别重大事故，30 日内做出批复，特殊情况下，批复时间可以适当延长，但延长的时间最长不超过 30 日。

有关机关应当按照人民政府的批复，依照法律、行政法规规定的权限和程序，对事故发生单位和有关人员进行行政处罚，对负有事故责任的国家工作人员进行处分。

事故发生单位应当按照负责事故调查的人民政府的批复，对本单位负有事故责任的人员进行处理。

负有事故责任的人员涉嫌犯罪的，依法追究刑事责任。

（三十一）防范和整改措施

事故发生单位应当认真吸取事故教训，落实防范和整改措施，防止事故再次发生。

三、工伤保险条例及解读

《工伤保险条例》于 2003 年 4 月 27 日以国务院令第 375 号公布，根据 2010 年 12 月 20 日《国务院关于修改〈工伤保险条例〉的决定》修订，新修订的《工伤保险条例》自 2011 年 1 月 1 日起施行。新修订的《工伤保险条例》的内容包括总则、工伤保险基金、工伤认定、劳动能力鉴定、工伤保险待遇、监督管理、法律责任、附则共八章六十七条。该条例部分重点内容阐述如下：

（一）制定本条例目的

为了保障因工作遭受事故伤害或者患职业病的职工获得医疗救治和经济补偿，促进工伤预防和职业康复，分散用人单位的工伤风险。

（二）适用范围

中华人民共和国境内的企业、事业单位、社会团体、民办非企业单位、基金会、律师事务所、会计师事务所等组织和有雇工的个体工商户(以下称用人单位)应当依照本条例规定参加工伤保险，为本单位全部职工或者雇工(以下称职工)缴纳工伤保险费。

中华人民共和国境内的企业、事业单位、社会团体、民办非企业单位、基金会、律师事务所、会计师事务所等组织的职工和个体工商户的雇工，均有依照本条例的规定享受工伤保险待遇的权利。

（三）用人单位应当将参加工伤保险的有关情况在本单位内公示

用人单位和职工应当遵守有关安全生产和职业病防治的法律法规，执行安全卫生规程和标准，预防工伤事故发生，避免和减少职业病危害。

职工发生工伤时，用人单位应当采取措施使工伤职工得到及时救治。

（四）工伤保险基金构成

工伤保险基金由用人单位缴纳的工伤保险费、工伤保险基金的利息和依法纳入工伤保险基金的其他资金构成。

（五）工伤保险费根据以支定收、收支平衡的原则，确定费率

（六）用人单位应当按时缴纳工伤保险费

用人单位应当按时缴纳工伤保险费。职工个人不缴纳工伤保险费。

用人单位缴纳工伤保险费的数额为本单位职工工资总额乘以单位缴费费率之积。

（七）工伤保险基金统筹

工伤保险基金逐步实行省级统筹。

跨地区、生产流动性较大的行业，可以采取相对集中的方式异地参加统筹地区的工伤保险。

（八）工伤保险基金应当留有一定比例的储备金

工伤保险基金应当留有一定比例的储备金，用于统筹地区重大事故的工伤保险待遇支付；储备金不足支付的，由统筹地区的人民政府垫付。

（九）认定为工伤的情形

职工有下列情形之一的，应当认定为工伤：

1. 在工作时间和工作场所内，因工作原因受到事故伤害的。

2. 工作时间前后在工作场所内，从事与工作有关的预备性或者收尾性工作受到事故伤害的。

3. 在工作时间和工作场所内，因履行工作职责受到暴力等意外伤害的。

4. 患职业病的。

5. 因工外出期间，由于工作原因受到伤害或者发生事故下落不明的。

6. 在上下班途中，受到非本人主要责任的交通事故或者城市轨道交通、客运轮渡、火车事故伤害的。

7. 法律、行政法规规定应当认定为工伤的其他情形。

（十）视同工伤的情形

职工有下列情形之一的，视同工伤：

1. 在工作时间和工作岗位，突发疾病死亡或者在 48 小时之内经抢救无效死亡的。

2. 在抢险救灾等维护国家利益、公共利益活动中受到伤害的。

3. 职工原在军队服役，因战、因公负伤致残，已取得革命伤残军人证，到用人单位后旧伤复发的。

（十一）不得认定为工伤或者视同工伤的情形

职工符合上述的规定，但是有下列情形之一的，不得认定为工伤或者视同工伤：

1. 故意犯罪的。

2. 醉酒或者吸毒的。

3. 自残或者自杀的。

（十二）工伤认定申请时限

职工发生事故伤害或者按照职业病防治法规定被诊断、鉴定为职业病，所在单位应当自事故伤害发生之日或者被诊断、鉴定为职业病之日起 30 日内，向统筹地区社会保险行政部门提出工伤认定申请。遇有特殊情况，经报社会保险行政部门同意，申请时限可以适当延长。

用人单位未按前款规定提出工伤认定申请的，工伤职工或者其近亲属、工会组织在事故伤害发生之日或者被诊断、鉴定为职业病之日起 1 年内，可以直接向用人单位所在地统筹地区社会保险行政部门提出工伤认定申请。

按照本条第一款规定应当由省级社会保险行政部门进行工伤认定的事项，根据属地原则由用人单位所在地的设区的市级社会保险行政部门办理。

（十三）工伤认定申请应提交的材料

提出工伤认定申请应当提交下列材料：

1. 工伤认定申请表。

2. 与用人单位存在劳动关系（包括事实劳动关系）的证明材料。

3. 医疗诊断证明或者职业病诊断证明书（或者职业病诊断鉴定书）。

工伤认定申请表应当包括事故发生的时间、地点、原因以及职工伤害程度等基本情况。

工伤认定申请人提供材料不完整的，社会保险行政部门应当一次性书面告知工伤认定申请人需要补正的全部材料。申请人按照书面告知要求补正材料后，社会保险行政部门应当受理。

（十四）调查核实

社会保险行政部门受理工伤认定申请后，根据审核需要可以对事故伤害进行调查核实，用人单位、职工、工会组织、医疗机构以及有关部门应当予以协助。职业病诊断和诊断争议的鉴定，依照职业病防治法的有关规定执行。对依法取得职业病诊断证明书或者职业病诊断鉴定书的，社会保险行政部门不再进行调查核实。

职工或者其近亲属认为是工伤，用人单位不认为是工伤的，由用人单位承担举证责任。

用人单位未在本条第一款规定的时限内提交工伤认定申请,在此期间发生符合本条例规定的工伤待遇等有关费用由该用人单位负担。

(十五) 进行劳动能力鉴定

职工发生工伤,经治疗伤情相对稳定后存在残疾、影响劳动能力的,应当进行劳动能力鉴定。

(十六) 劳动功能障碍和生活自理障碍等级

劳动能力鉴定是指劳动功能障碍程度和生活自理障碍程度的等级鉴定。

劳动功能障碍分为十个伤残等级,最重的为一级,最轻的为十级。

生活自理障碍分为三个等级:生活完全不能自理、生活大部分不能自理和生活部分不能自理。

劳动能力鉴定标准由国务院社会保险行政部门会同国务院卫生行政部门等部门制定。

(十七) 劳动能力鉴定的申请

劳动能力鉴定由用人单位、工伤职工或者其近亲属向设区的市级劳动能力鉴定委员会提出申请,并提供工伤认定决定和职工工伤医疗的有关资料。

(十八) 劳动能力鉴定委员会

省、自治区、直辖市劳动能力鉴定委员会和设区的市级劳动能力鉴定委员会分别由省、自治区、直辖市和设区的市级社会保险行政部门、卫生行政部门、工会组织、经办机构代表以及用人单位代表组成。

劳动能力鉴定委员会建立医疗卫生专家库。列入专家库的医疗卫生专业技术人员应当具备下列条件:

1. 具有医疗卫生高级专业技术职务任职资格。

2. 掌握劳动能力鉴定的相关知识。

3. 具有良好的职业品德。

(十九) 劳动能力鉴定结论

设区的市级劳动能力鉴定委员会收到劳动能力鉴定申请后,应当从其建立的医疗卫生专家库中随机抽取 3 名或者 5 名相关专家组成专家组,由专家组提出鉴定意见。设区的市级劳动能力鉴定委员会根据专家组的鉴定意见作出工伤职工劳动能力鉴定结论;必要时,可以委托具备资格的医疗机构协助进行有关的诊断。

设区的市级劳动能力鉴定委员会应当自收到劳动能力鉴定申请之日起 60 日内作出劳动能力鉴定结论,必要时,作出劳动能力鉴定结论的期限可以延长 30 日。劳动能力鉴定结论应当及时送达申请鉴定的单位和个人。

(二十) 再次鉴定申请

申请鉴定的单位或者个人对设区的市级劳动能力鉴定委员会作出的鉴定结论不服的,可以在收到该鉴定结论之日起 15 日内向省、自治区、直辖市劳动能力鉴定委员会提出再次鉴定申请。省、自治区、直辖市劳动能力鉴定委员会作出的劳动能力鉴定结论为最终结论。

（二十一）劳动能力鉴定人员回避

劳动能力鉴定工作应当客观、公正。劳动能力鉴定委员会组成人员或者参加鉴定的专家与当事人有利害关系的,应当回避。

（二十二）申请劳动能力复查鉴定

自劳动能力鉴定结论作出之日起 1 年后,工伤职工或者其近亲属、所在单位或者经办机构认为伤残情况发生变化的,可以申请劳动能力复查鉴定。

（二十三）职工因工作遭受事故伤害或者患职业病进行治疗,享受工伤医疗待遇

职工治疗工伤应当在签订服务协议的医疗机构就医,情况紧急时可以先到就近的医疗机构急救。

治疗工伤所需费用符合工伤保险诊疗项目目录、工伤保险药品目录、工伤保险住院服务标准的,从工伤保险基金支付。工伤保险诊疗项目目录、工伤保险药品目录、工伤保险住院服务标准,由国务院社会保险行政部门会同国务院卫生行政部门、食品药品监督管理部门等部门规定。

职工住院治疗工伤的伙食补助费,以及经医疗机构出具证明,报经办机构同意,工伤职工到统筹地区以外就医所需的交通、食宿费用从工伤保险基金支付,基金支付的具体标准由统筹地区人民政府规定。

工伤职工治疗非工伤引发的疾病,不享受工伤医疗待遇,按照基本医疗保险办法处理。

工伤职工到签订服务协议的医疗机构进行工伤康复的费用,符合规定的,从工伤保险基金支付。

（二十四）行政复议、行政诉讼

社会保险行政部门作出认定为工伤的决定后发生行政复议、行政诉讼的,行政复议和行政诉讼期间不停止支付工伤职工治疗工伤的医疗费用。

（二十五）安装假肢、矫形器、假眼、假牙和配置轮椅等辅助器具

工伤职工因日常生活或者就业需要,经劳动能力鉴定委员会确认,可以安装假肢、矫形器、假眼、假牙和配置轮椅等辅助器具,所需费用按照国家规定的标准从工伤保险基金支付。

（二十六）在停工留薪期内待遇

职工因工作遭受事故伤害或者患职业病需要暂停工作接受工伤医疗的,在停工留薪期内,原工资福利待遇不变,由所在单位按月支付。

停工留薪期一般不超过 12 个月。伤情严重或者情况特殊,经设区的市级劳动能力鉴定委员会确认,可以适当延长,但延长不得超过 12 个月。工伤职工评定伤残等级后,停发原待遇,按照本章的有关规定享受伤残待遇。工伤职工在停工留薪期满后仍需治疗的,继续享受工伤医疗待遇。

生活不能自理的工伤职工在停工留薪期需要护理的,由所在单位负责。

（二十七）生活护理费

工伤职工已经评定伤残等级并经劳动能力鉴定委员会确认需要生活护理的,从工伤保险基金按月支付生活护理费。

生活护理费按照生活完全不能自理、生活大部分不能自理或者生活部分不能自理 3 个不同等级支付，其标准分别为统筹地区上年度职工月平均工资的 50％、40％或者 30％。

（二十八）职工因工致残享受的待遇

职工因工致残被鉴定为一级至四级伤残的，保留劳动关系，退出工作岗位，享受以下待遇：

1. 从工伤保险基金按伤残等级支付一次性伤残补助金，标准为：一级伤残为 27 个月的本人工资，二级伤残为 25 个月的本人工资，三级伤残为 23 个月的本人工资，四级伤残为 21 个月的本人工资。

2. 从工伤保险基金按月支付伤残津贴，标准为：一级伤残为本人工资的 90％，二级伤残为本人工资的 85％，三级伤残为本人工资的 80％，四级伤残为本人工资的 75％。伤残津贴实际金额低于当地最低工资标准的，由工伤保险基金补足差额。

3. 工伤职工达到退休年龄并办理退休手续后，停发伤残津贴，按照国家有关规定享受基本养老保险待遇。基本养老保险待遇低于伤残津贴的，由工伤保险基金补足差额。

职工因工致残被鉴定为一级至四级伤残的，由用人单位和职工个人以伤残津贴为基数，缴纳基本医疗保险费。

职工因工致残被鉴定为五级、六级伤残的，享受以下待遇：

1. 从工伤保险基金按伤残等级支付一次性伤残补助金，标准为：五级伤残为 18 个月的本人工资，六级伤残为 16 个月的本人工资。

2. 保留与用人单位的劳动关系，由用人单位安排适当工作。难以安排工作的，由用人单位按月发给伤残津贴，标准为：五级伤残为本人工资的 70％，六级伤残为本人工资的 60％，并由用人单位按照规定为其缴纳应缴纳的各项社会保险费。伤残津贴实际金额低于当地最低工资标准的，由用人单位补足差额。

经工伤职工本人提出，该职工可以与用人单位解除或者终止劳动关系，由工伤保险基金支付一次性工伤医疗补助金，由用人单位支付一次性伤残就业补助金。一次性工伤医疗补助金和一次性伤残就业补助金的具体标准由省、自治区、直辖市人民政府规定。

职工因工致残被鉴定为七级至十级伤残的，享受以下待遇：

1. 从工伤保险基金按伤残等级支付一次性伤残补助金，标准为：七级伤残为 13 个月的本人工资，八级伤残为 11 个月的本人工资，九级伤残为 9 个月的本人工资，十级伤残为 7 个月的本人工资。

2. 劳动、聘用合同期满终止，或者职工本人提出解除劳动、聘用合同的，由工伤保险基金支付一次性工伤医疗补助金，由用人单位支付一次性伤残就业补助金。一次性工伤医疗补助金和一次性伤残就业补助金的具体标准由省、自治区、直辖市人民政府规定。

（二十九）职工因工死亡，其近亲属补助金

职工因工死亡，其近亲属按照下列规定从工伤保险基金领取丧葬补助金、供养亲属抚恤金和一次性工亡补助金：

1. 丧葬补助金为 6 个月的统筹地区上年度职工月平均工资。

2. 供养亲属抚恤金按照职工本人工资的一定比例发给由因工死亡职工生前提供主要生活

来源、无劳动能力的亲属。标准为:配偶每月40%,其他亲属每人每月30%,孤寡老人或者孤儿每人每月在上述标准的基础上增加10%。核定的各供养亲属的抚恤金之和不应高于因工死亡职工生前的工资。供养亲属的具体范围由国务院社会保险行政部门规定;

3. 一次性工亡补助金标准为上一年度全国城镇居民人均可支配收入的20倍。

(三十) 职工因工外出下落不明补助金

职工因工外出期间发生事故或者在抢险救灾中下落不明的,从事故发生当月起3个月内照发工资,从第4个月起停发工资,由工伤保险基金向其供养亲属按月支付供养亲属抚恤金。生活有困难的,可以预支一次性工亡补助金的50%。职工被人民法院宣告死亡的,按照职工因工死亡的规定处理。

(三十一) 停止享受工伤保险待遇的情形

工伤职工有下列情形之一的,停止享受工伤保险待遇:

1. 丧失享受待遇条件的。

2. 拒不接受劳动能力鉴定的。

3. 拒绝治疗的。

(三十二) 承继单位的工伤保险责任

用人单位分立、合并、转让的,承继单位应当承担原用人单位的工伤保险责任;原用人单位已经参加工伤保险的,承继单位应当到当地经办机构办理工伤保险变更登记。

用人单位实行承包经营的,工伤保险责任由职工劳动关系所在单位承担。

职工被借调期间受到工伤事故伤害的,由原用人单位承担工伤保险责任,但原用人单位与借调单位可以约定补偿办法。

企业破产的,在破产清算时依法拨付应当由单位支付的工伤保险待遇费用。

(三十三) 职工被派遣出境工作的工伤保险

职工被派遣出境工作,依据前往国家或者地区的法律应当参加当地工伤保险的,参加当地工伤保险,其国内工伤保险关系中止;不能参加当地工伤保险的,其国内工伤保险关系不中止。

(三十四) 职工再次发生工伤的待遇

职工再次发生工伤,根据规定应当享受伤残津贴的,按照新认定的伤残等级享受伤残津贴待遇。

(三十五) 工会组织实行监督

工会组织依法维护工伤职工的合法权益,对用人单位的工伤保险工作实行监督。

(三十六) 申请行政复议、提起行政诉讼的情形

有下列情形之一的,有关单位或者个人可以依法申请行政复议,也可以依法向人民法院提起行政诉讼:

1. 申请工伤认定的职工或者其近亲属、该职工所在单位对工伤认定申请不予受理的决定不服的。

2. 申请工伤认定的职工或者其近亲属、该职工所在单位对工伤认定结论不服的。

3. 用人单位对经办机构确定的单位缴费费率不服的。

4. 签订服务协议的医疗机构、辅助器具配置机构认为经办机构未履行有关协议或者规定的。

5. 工伤职工或者其近亲属对经办机构核定的工伤保险待遇有异议的。

(三十七) 附则

1. 本条例所称工资总额,是指用人单位直接支付给本单位全部职工的劳动报酬总额。

本条例所称本人工资,是指工伤职工因工作遭受事故伤害或者患职业病前 12 个月平均月缴费工资。本人工资高于统筹地区职工平均工资 300% 的,按照统筹地区职工平均工资的 300% 计算;本人工资低于统筹地区职工平均工资 60% 的,按照统筹地区职工平均工资的 60% 计算。

2. 无营业执照或者未经依法登记、备案的单位以及被依法吊销营业执照或者撤销登记、备案的单位的职工受到事故伤害或者患职业病的,由该单位向伤残职工或者死亡职工的近亲属给予一次性赔偿,赔偿标准不得低于本条例规定的工伤保险待遇;用人单位不得使用童工,用人单位使用童工造成童工伤残、死亡的,由该单位向童工或者童工的近亲属给予一次性赔偿,赔偿标准不得低于本条例规定的工伤保险待遇。具体办法由国务院社会保险行政部门规定。

前款规定的伤残职工或者死亡职工的近亲属就赔偿数额与单位发生争议的,以及前款规定的童工或者童工的近亲属就赔偿数额与单位发生争议的,按照处理劳动争议的有关规定处理。

四、《生产安全事故应急条例》及解读

《生产安全事故应急条例》已于 2018 年 12 月 5 日国务院第 33 次常务会议通过,自 2019 年 4 月 1 日起施行。

《生产安全事故应急条例》的内容包括总则、应急准备、应急救援、法律责任、附则等共五章三十五条。

(一) 本条例适用于生产安全事故应急工作

(二) 生产经营单位应当加强生产安全事故应急工作,建立、健全生产安全事故应急工作责任制,其主要负责人对本单位的生产安全事故应急工作全面负责

(三) 应急准备

1. 制定生产安全事故应急救援预案 生产经营单位应当针对本单位可能发生的生产安全事故的特点和危害,进行风险辨识和评估,制定相应的生产安全事故应急救援预案,并向本单位从业人员公布。

2. 生产安全事故应急救援预案应当符合有关法律、法规、规章和标准的规定,具有科学性、针对性和可操作性,明确规定应急组织体系、职责分工以及应急救援程序和措施。

有下列情形之一的,生产安全事故应急救援预案制定单位应当及时修订相关预案:

(1) 制定预案所依据的法律、法规、规章、标准发生重大变化。

(2) 应急指挥机构及其职责发生调整。

（3）安全生产面临的风险发生重大变化。

（4）重要应急资源发生重大变化。

（5）在预案演练或者应急救援中发现需要修订预案的重大问题。

（6）其他应当修订的情形。

3. 应急救援预案演练　易燃易爆物品、危险化学品等危险物品的生产、经营、储存、运输单位，矿山、金属冶炼、城市轨道交通运营、建筑施工单位，以及宾馆、商场、娱乐场所、旅游景区等人员密集场所经营单位，应当至少每半年组织一次生产安全事故应急救援预案演练，并将演练情况报送所在地县级以上地方人民政府负有安全生产监督管理职责的部门。

4. 应急救援队伍　易燃易爆物品、危险化学品等危险物品的生产、经营、储存、运输单位，矿山、金属冶炼、城市轨道交通运营、建筑施工单位，以及宾馆、商场、娱乐场所、旅游景区等人员密集场所经营单位，应当建立应急救援队伍；其中，小型企业或者微型企业等规模较小的生产经营单位，可以不建立应急救援队伍，但应当指定兼职的应急救援人员，并且可以与邻近的应急救援队伍签订应急救援协议。

工业园区、开发区等产业聚集区域内的生产经营单位，可以联合建立应急救援队伍。

5. 应急救援人员　应急救援队伍的应急救援人员应当具备必要的专业知识、技能、身体素质和心理素质。

应急救援队伍建立单位或者兼职应急救援人员所在单位应当按照国家有关规定对应急救援人员进行培训；应急救援人员经培训合格后，方可参加应急救援工作。

应急救援队伍应当配备必要的应急救援装备和物资，并定期组织训练。

6. 生产经营单位应当及时将本单位应急救援队伍建立情况按照国家有关规定报送县级以上人民政府负有安全生产监督管理职责的部门，并依法向社会公布。

7. 应急救援器材、设备和物资　易燃易爆物品、危险化学品等危险物品的生产、经营、储存、运输单位，矿山、金属冶炼、城市轨道交通运营、建筑施工单位，以及宾馆、商场、娱乐场所、旅游景区等人员密集场所经营单位，应当根据本单位可能发生的生产安全事故的特点和危害，配备必要的灭火、排水、通风以及危险物品稀释、掩埋、收集等应急救援器材、设备和物资，并进行经常性维护、保养，保证正常运转。

8. 应急值班制度　下列单位应当建立应急值班制度，配备应急值班人员：

（1）县级以上人民政府及其负有安全生产监督管理职责的部门。

（2）危险物品的生产、经营、储存、运输单位以及矿山、金属冶炼、城市轨道交通运营、建筑施工单位。

（3）应急救援队伍。

规模较大、危险性较高的易燃易爆物品、危险化学品等危险物品的生产、经营、储存、运输单位应当成立应急处置技术组，实行24小时应急值班。

9. 生产经营单位应当对从业人员进行应急教育和培训，保证从业人员具备必要的应急知识，掌握风险防范技能和事故应急措施。

（四）应急救援

发生生产安全事故后，生产经营单位应当立即启动生产安全事故应急救援预案，采取下列

一项或者多项应急救援措施,并按照国家有关规定报告事故情况:

1. 迅速控制危险源,组织抢救遇险人员。

2. 根据事故危害程度,组织现场人员撤离或者采取可能的应急措施后撤离。

3. 及时通知可能受到事故影响的单位和人员。

4. 采取必要措施,防止事故危害扩大和次生、衍生灾害发生。

5. 根据需要请求邻近的应急救援队伍参加救援,并向参加救援的应急救援队伍提供相关技术资料、信息和处置方法。

6. 维护事故现场秩序,保护事故现场和相关证据。

7. 法律、法规规定的其他应急救援措施。

(五)储存、使用易燃易爆物品、危险化学品等危险物品的科研机构、学校、医院等单位的安全事故应急工作,参照本条例有关规定执行。

五、《建设工程安全生产管理条例及》解读

《建设工程安全生产管理条例》经 2003 年 11 月 12 日国务院第 28 次常务会议通过,自 2004 年 2 月 1 日起施行。

《建设工程安全生产管理条例》主要内容包括总则、建设单位的安全责任、勘察(设计、工程监理)及其他有关单位的安全责任、施工单位的安全责任、监督管理、法律责任、附则等七章共七十一条。

(一)条例适用范围

在中华人民共和国境内从事建设工程的新建、扩建、改建和拆除等有关活动及实施对建设工程安全生产的监督管理,必须遵守本条例。

本条例所称建设工程,是指土木工程、建筑工程、线路管道和设备安装工程及装修工程。

(二)建设单位的安全责任

1. 建设单位应当向施工单位提供施工现场及毗邻区域内供水、排水、供电、供气、供热、通信、广播电视等地下管线资料,气象和水文观测资料,相邻建筑物和构筑物、地下工程的有关资料,并保证资料的真实、准确、完整。

建设单位因建设工程需要,向有关部门或者单位查询前款规定的资料时,有关部门或者单位应当及时提供。

2. 建设单位不得对勘察、设计、施工、工程监理等单位提出不符合建设工程安全生产法律、法规和强制性标准规定的要求,不得压缩合同约定的工期。

3. 建设单位在编制工程概算时,应当确定建设工程安全作业环境及安全施工措施所需费用。

4. 建设单位不得明示或者暗示施工单位购买、租赁、使用不符合安全施工要求的安全防护用具、机械设备、施工机具及配件、消防设施和器材。

5. 建设单位在申请领取施工许可证时,应当提供建设工程有关安全施工措施的资料。

依法批准开工报告的建设工程,建设单位应当自开工报告批准之日起 15 日内,将保证安全

施工的措施报送建设工程所在地的县级以上地方人民政府建设行政主管部门或者其他有关部门备案。

6. 建设单位应当将拆除工程发包给具有相应资质等级的施工单位。

建设单位应当在拆除工程施工 15 日前,将下列资料报送建设工程所在地的县级以上地方人民政府建设行政主管部门或者其他有关部门备案:

(1) 施工单位资质等级证明。

(2) 拟拆除建筑物、构筑物及可能危及毗邻建筑的说明。

(3) 拆除施工组织方案。

(4) 堆放、清除废弃物的措施。

实施爆破作业的,应当遵守国家有关民用爆炸物品管理的规定。

(三) 勘察、设计、工程监理及其他有关单位的安全责任

1. 勘察单位应当按照法律、法规和工程建设强制性标准进行勘察,提供的勘察文件应当真实、准确,满足建设工程安全生产的需要。

勘察单位在勘察作业时,应当严格执行操作规程,采取措施保证各类管线、设施和周边建筑物、构筑物的安全。

2. 设计单位应当按照法律、法规和工程建设强制性标准进行设计,防止因设计不合理导致生产安全事故的发生。

设计单位应当考虑施工安全操作和防护的需要,对涉及施工安全的重点部位和环节在设计文件中注明,并对防范生产安全事故提出指导意见。

采用新结构、新材料、新工艺的建设工程和特殊结构的建设工程,设计单位应当在设计中提出保障施工作业人员安全和预防生产安全事故的措施建议。

设计单位和注册建筑师等注册执业人员应当对其设计负责。

3. 工程监理单位应当审查施工组织设计中的安全技术措施或者专项施工方案是否符合工程建设强制性标准。

工程监理单位在实施监理过程中,发现存在安全事故隐患的,应当要求施工单位整改;情况严重的,应当要求施工单位暂时停止施工,并及时报告建设单位。施工单位拒不整改或者不停止施工的,工程监理单位应当及时向有关主管部门报告。

工程监理单位和监理工程师应当按照法律、法规和工程建设强制性标准实施监理,并对建设工程安全生产承担监理责任。

4. 为建设工程提供机械设备和配件的单位,应当按照安全施工的要求配备齐全有效的保险、限位等安全设施和装置。

5. 出租的机械设备和施工机具及配件,应当具有生产(制造)许可证、产品合格证。

出租单位应当对出租的机械设备和施工机具及配件的安全性能进行检测,在签订租赁协议时,应当出具检测合格证明。

禁止出租检测不合格的机械设备和施工机具及配件。

6. 在施工现场安装、拆卸施工起重机械和整体提升脚手架、模板等自升式架设设施,必须由具有相应资质的单位承担。

安装、拆卸施工起重机械和整体提升脚手架、模板等自升式架设设施,应当编制拆装方案、制定安全施工措施,并由专业技术人员现场监督。

施工起重机械和整体提升脚手架、模板等自升式架设设施安装完毕后,安装单位应当自检、出具自检合格证明,并向施工单位进行安全使用说明,办理验收手续并签字。

7. 施工起重机械和整体提升脚手架、模板等自升式架设设施的使用达到国家规定的检验检测期限的,必须经具有专业资质的检验检测机构检测。经检测不合格的,不得继续使用。

8. 检验检测机构对检测合格的施工起重机械和整体提升脚手架、模板等自升式架设设施,应当出具安全合格证明文件,并对检测结果负责。

(四) 施工单位的安全责任

1. 施工单位从事建设工程的新建、扩建、改建和拆除等活动,应当具备国家规定的注册资本、专业技术人员、技术装备和安全生产等条件,依法取得相应等级的资质证书,并在其资质等级许可的范围内承揽工程。

2. 施工单位主要负责人依法对本单位的安全生产工作全面负责。施工单位应当建立健全安全生产责任制度和安全生产教育培训制度,制定安全生产规章制度和操作规程,保证本单位安全生产条件所需资金的投入,对所承担的建设工程进行定期和专项安全检查,并做好安全检查记录。

施工单位的项目负责人应当由取得相应执业资格的人员担任,对建设工程项目的安全施工负责,落实安全生产责任制度、安全生产规章制度和操作规程,确保安全生产费用的有效使用,并根据工程的特点组织制定安全施工措施,消除安全事故隐患,及时、如实报告生产安全事故。

3. 施工单位对列入建设工程概算的安全作业环境及安全施工措施所需费用,应当用于施工安全防护用具及设施的采购和更新、安全施工措施的落实、安全生产条件的改善,不得挪作他用。

4. 施工单位应当设立安全生产管理机构,配备专职安全生产管理人员。

专职安全生产管理人员负责对安全生产进行现场监督检查。发现安全事故隐患,应当及时向项目负责人和安全生产管理机构报告;对违章指挥、违章操作的,应当立即制止。

专职安全生产管理人员的配备办法由国务院建设行政主管部门会同国务院其他有关部门制定。

5. 建设工程实行施工总承包的,由总承包单位对施工现场的安全生产负总责。

总承包单位应当自行完成建设工程主体结构的施工。

总承包单位依法将建设工程分包给其他单位的,分包合同中应当明确各自的安全生产方面的权利、义务。总承包单位和分包单位对分包工程的安全生产承担连带责任。

分包单位应当服从总承包单位的安全生产管理,分包单位不服从管理导致生产安全事故的,由分包单位承担主要责任。

6. 垂直运输机械作业人员、安装拆卸工、爆破作业人员、起重信号工、登高架设作业人员等特种作业人员,必须按照国家有关规定经过专门的安全作业培训,并取得特种作业操作资格证书后,方可上岗作业。

7. 施工单位应当在施工组织设计中编制安全技术措施和施工现场临时用电方案,对下列达到一定规模的危险性较大的分部分项工程编制专项施工方案,并附具安全验算结果,经施工单位技术负责人、总监理工程师签字后实施,由专职安全生产管理人员进行现场监督:

(1)基坑支护与降水工程;

(2)土方开挖工程;

(3)模板工程;

(4)起重吊装工程;

(5)脚手架工程;

(6)拆除、爆破工程;

(7)国务院建设行政主管部门或者其他有关部门规定的其他危险性较大的工程。

对前款所列工程中涉及深基坑、地下暗挖工程、高大模板工程的专项施工方案,施工单位还应当组织专家进行论证、审查。

8.建设工程施工前,施工单位负责项目管理的技术人员应当对有关安全施工的技术要求向施工作业班组、作业人员做出详细说明,并由双方签字确认。

9.施工单位应当在施工现场入口处、施工起重机械、临时用电设施、脚手架、出入通道口、楼梯口、电梯井口、孔洞口、桥梁口、隧道口、基坑边沿、爆破物及有害危险气体和液体存放处等危险部位,设置明显的安全警示标志。安全警示标志必须符合国家标准。

施工单位应当根据不同施工阶段和周围环境及季节、气候的变化,在施工现场采取相应的安全施工措施。施工现场暂时停止施工的,施工单位应当做好现场防护,所需费用由责任方承担,或者按照合同约定执行。

10.施工单位应当将施工现场的办公、生活区与作业区分开设置,并保持安全距离;办公、生活区的选址应当符合安全性要求。职工的膳食、饮水、休息场所等应当符合卫生标准。施工单位不得在尚未竣工的建筑物内设置员工集体宿舍。

施工现场临时搭建的建筑物应当符合安全使用要求。施工现场使用的装配式活动房屋应当具有产品合格证。

11.施工单位对因建设工程施工可能造成损害的毗邻建筑物、构筑物和地下管线等,应当采取专项防护措施。

施工单位应当遵守有关环境保护法律、法规的规定,在施工现场采取措施,防止或者减少粉尘、废气、废水、固体废物、噪声、振动和施工照明对人和环境的危害和污染。

在城市市区内的建设工程,施工单位应当对施工现场实行封闭围挡。

12.施工单位应当在施工现场建立消防安全责任制度,确定消防安全责任人,制定用火、用电、使用易燃易爆材料等各项消防安全管理制度和操作规程,设置消防通道、消防水源,配备消防设施和灭火器材,并在施工现场入口处设置明显标志。

13.施工单位应当向作业人员提供安全防护用具和安全防护服装,并书面告知危险岗位的操作规程和违章操作的危害。

作业人员有权对施工现场的作业条件、作业程序和作业方式中存在的安全问题提出批评、检举和控告,有权拒绝违章指挥和强令冒险作业。

在施工中发生危及人身安全的紧急情况时,作业人员有权立即停止作业或者在采取必要的应急措施后撤离危险区域。

14. 作业人员应当遵守安全施工的强制性标准、规章制度和操作规程,正确使用安全防护用具、机械设备等。

15. 施工单位采购、租赁的安全防护用具、机械设备、施工机具及配件,应当具有生产(制造)许可证、产品合格证,并在进入施工现场前进行查验。

施工现场的安全防护用具、机械设备、施工机具及配件必须由专人管理,定期进行检查、维修和保养,建立相应的资料档案,并按照国家有关规定及时报废。

16. 施工单位在使用施工起重机械和整体提升脚手架、模板等自升式架设设施前,应当组织有关单位进行验收,也可以委托具有相应资质的检验检测机构进行验收;使用承租的机械设备和施工机具及配件的,由施工总承包单位、分包单位、出租单位和安装单位共同进行验收。验收合格的方可使用。

《特种设备安全监察条例》规定的施工起重机械,在验收前应当经有相应资质的检验检测机构监督检验合格。

施工单位应当自施工起重机械和整体提升脚手架、模板等自升式架设设施验收合格之日起30日内,向建设行政主管部门或者其他有关部门登记。登记标志应当置于或者附着于该设备的显著位置。

17. 施工单位的主要负责人、项目负责人、专职安全生产管理人员应当经建设行政主管部门或者其他有关部门考核合格后方可任职。

施工单位应当对管理人员和作业人员每年至少进行一次安全生产教育培训,其教育培训情况记入个人工作档案。安全生产教育培训考核不合格的人员,不得上岗。

18. 作业人员进入新的岗位或者新的施工现场前,应当接受安全生产教育培训。未经教育培训或者教育培训考核不合格的人员,不得上岗作业。

施工单位在采用新技术、新工艺、新设备、新材料时,应当对作业人员进行相应的安全生产教育培训。

19. 施工单位应当为施工现场从事危险作业的人员办理意外伤害保险。

意外伤害保险费由施工单位支付。实行施工总承包的,由总承包单位支付意外伤害保险费。意外伤害保险期限自建设工程开工之日起至竣工验收合格止。

第二章 安全生产专项整治

从 2020 年 4 月至 2022 年 12 月，全国开展安全生产专项整治三年行动。国务院安委会印发了《全国安全生产专项整治三年行动计划》，对安全生产专项整治工作进行了部署。

本章简要介绍安全生产专项整治三年行动的主要内容。

第一节 安全生产专项整治进度安排

安全生产专项整治三年行动分四个阶段进行。

一、动员部署（2020 年 4 月）

印发《全国安全生产专项整治三年行动计划》和 11 个专项整治方案；部署启动全面开展专项整治三年行动。各地区、各有关部门和中央企业制定实施方案，对开展专项整治三年行动作出具体安排。

二、排查整治（2020 年 5 月至 12 月）

各地区、各有关部门深入分析一些地方和行业领域复工复产过程中发生事故的主客观原因，对本地区、本行业领域和重点单位场所、关键环节安全风险隐患进行全面深入细致的排查治理，建立问题隐患和制度措施"两个清单"，制定时间表路线图，明确整改责任单位和整改要求，坚持边查边改、立查立改，加快推进实施，整治工作取得初步成效。

三、集中攻坚（2021 年）

动态更新"两个清单"，针对重点难点问题，通过现场推进会、"开小灶"、推广有关地方和标杆企业的经验等措施，加大专项整治攻坚力度，落实和完善治理措施，推动建立健全公共安全隐患排查和安全预防控制体系，整治工作取得明显成效。

四、巩固提升（2022 年）

深入分析安全生产共性问题和突出隐患，深挖背后的深层次矛盾和原因，梳理出在法规标准、政策措施层面需要建立健全、补充完善的具体制度，逐项推动落实。结合各地经验做法特别是总结江苏省安全生产专项整治经验，形成一批制度成果，在全国推广。总结全国安全生产专项整治三年行动,着力将党的十八大以来安全生产重要理论和实践创新转化为法规制度,健全长效机制,形成一套较为成熟定型的安全生产制度体系。

第二节　安全生产专项整治总体要求和主要任务

一、总体要求

树牢安全发展理念,强化底线思维和红线意识,坚持问题导向、目标导向和结果导向,深化源头治理、系统治理和综合治理,切实在转变理念、狠抓治本上下功夫,完善和落实重在"从根本上消除事故隐患"的责任链条、制度成果、管理办法、重点工程和工作机制,扎实推进安全生产治理体系和治理能力现代化,专项整治取得积极成效,事故总量和较大事故持续下降,重特大事故有效遏制,全国安全生产整体水平明显提高,为全面维护好人民群众生命财产安全和经济高质量发展、社会和谐稳定提供有力的安全生产保障。

二、主要任务

切实解决思想认知不足、安全发展理念不牢以及抓落实存在很大差距等突出问题;完善和落实安全生产责任和管理制度,健全落实党政同责、一岗双责、齐抓共管、失职追责的安全生产责任制,强化党委政府领导责任、部门监管责任和企业主体责任;建立公共安全隐患排查和安全预防控制体系,推进安全生产由企业被动接受监管向主动加强管理转变、安全风险管控由政府推动为主向企业自主开展转变、隐患排查治理由部门行政执法为主向企业日常自查自纠转变;完善安全生产体制机制法制,大力推动科技创新,持续加强基础建设,全面提升本质安全水平。重点分 2 个专题和 9 个行业领域深入推动实施。

（一）学习宣传贯彻习近平总书记关于安全生产重要论述专题

1. 制作"生命重于泰山——学习习近平总书记关于安全生产重要论述"电视专题片。

2. 集中开展学习教育　各级党委(党组)理论学习中心组安排专题学习,结合本地区本行业实际研究贯彻落实措施,分级分批组织安全监管干部和企业负责人、安全管理人员开展轮训,推进学习教育全覆盖。

3. 深入系统宣传贯彻　各级党委将宣传贯彻习近平总书记关于安全生产重要论述纳入党委宣传工作重点,精心制定宣传方案,部署开展经常性、系统性宣传贯彻和主题宣讲活动,形成集中宣传声势。中央和地方、行业主要媒体开设专题专栏,结合组织"安全生产月"活动,积极推进安全宣传"五进"。建设灾害事故科普宣传教育和安全体验基地。

4. 健全落实安全生产责任制　认真落实《地方党政领导干部安全生产责任制规定》,健全定期研究解决安全生产重大问题的会议制度。各有关部门要把安全生产工作作为本行业领域管理的重要内容,切实消除盲区漏洞。建立健全企业全过程安全生产管理制度。

5. 有效防范安全风险　建立公共安全隐患排查和安全预防控制体系,建立安全风险评估制度,修订完善安全设防标准。

6. 加强安全监管干部队伍建设 2022 年底前具有安全生产相关专业学历和实践经验的执法人员不低于在职人员的 75％。

（二）落实企业安全生产主体责任专题

1. 提高企业安全管理能力，制定落实企业安全生产主体责任若干规定，强化企业法定代表人、实际控制人的第一责任人法定责任，加强安全考核，落实全员安全生产责任制，2021 年底前各重点行业领域企业通过自身培养和市场化机制全部建立安全生产技术和管理团队。

2. 推动企业定期开展安全风险评估和危害辨识，针对高危工艺、设备、物品、场所和岗位等，加强动态分级管理，落实风险防控措施，实现可防可控，2021 年底前各类企业建立完善的安全风险防控体系。

3. 建立完善隐患排查治理体系，规范分级分类排查治理标准，明确"查什么怎么查""做什么怎么做"，2021 年底前建立企业"一张网"信息化管理系统，做到自查自改自报，实现动态分析、全过程记录和评价，防止漏管失控。

4. 督促企业加大安全投入，用足用好企业安全生产费用提取使用、支持安全技术设备设施改造等有关财税政策，重点用于风险防控和隐患排查治理，推进各重点行业领域机械化、信息化、智能化建设。通过实施安责险，加快建立保险机构和专业技术服务机构等广泛参与的安全生产社会化服务体系。

5. 大力开展安全生产标准化规范建设，分行业领域明确 3 年建设任务，突出企业安全生产工作的日常化、显性化，建立自我约束、持续改进的内生机制，实现安全生产现场管理、操作行为、设备设施和作业环境的规范化。

6. 加强企业安全管理制度建设，完善和落实企业安全生产诚信、承诺公告、举报奖励和教育培训等制度，建立健全企业风险管控和隐患排查治理情况向负有安全生产监督管理职责的部门和企业职代会"双报告"制度，自觉接受监督。

（三）危险化学品安全整治

1. 制定贯彻落实《中共中央办公厅 国务院办公厅关于全面加强危险化学品安全生产工作的意见》具体方案，推动各项制度措施落地见效。

2. 完善和落实危险化学品企业安全风险隐患排查治理导则，分级分类排查治理安全风险和隐患，2022 年底前涉及重大危险源的危险化学品企业完成安全风险分级管控和隐患排查治理体系建设。

3. 督促指导各地区制定完善新建化工项目准入条件及危险化学品"禁限控"目录，研究企业生产过程危险化学品在线量减量技术路线、储存量减量方案，严格控制涉及光气等有毒气体、硝酸铵等爆炸危险化学品的建设项目。

4. 积极推广应用泄漏检测、化工过程安全管理等先进技术方法，2022 年底前所有涉及硝化、氯化、氟化、重氮化、过氧化工艺装置的上下游配套装置必须实现自动化控制。

5. 完善治理落实城区危险化学品生产企业关停并转、退城入园等支持政策措施，2022 年底前完成城镇人口密集区中小型企业和存在重大风险隐患的大型危险化学品生产企业搬迁工程，并持续推进其他有关企业搬迁改造。

（四）煤矿安全整治

1. 加大冲击地压、煤与瓦斯突出和水害等重大灾害精准治理，在"十四五"时期推进实施一批瓦斯综合治理和水害、火灾、冲击地压防治工程，研究建立煤矿深部开采和冲击地压防治国家工程研究中心，加大重大灾害治理政策和资金支持。

2. 加大淘汰退出落后产能力度，积极推进 30 万吨/年以下煤矿分类处置，坚决关闭不具备安全生产条件的煤矿，全国煤矿数量减少至 4 000 处左右，大型煤矿产量占比达到 80％以上。

3. 坚持资源合理开发利用，科学划定开采范围，规范采矿秩序，加强整合技改扩能煤矿安全监管，对不按批复设计施工、边建设边生产的，取消整合技改资格。

4. 坚持"管理、装备、素质、系统"四并重原则，推进"一优三减"，规范用工管理，提高员工素质，加快推进机械化、自动化、信息化、智能化建设，灾害严重矿井采掘工作面基本实现智能化，力争采掘智能化工作面达到 1 000 个以上，建设一批智能化矿井，2022 年底前全国一、二级安全生产标准化管理体系达标煤矿占比 70％以上。

5. 提高执法能力质量和信息化远程监管监察水平，生产建设矿井基本实现远程监管监察。

（五）非煤矿山安全整治

1. 严格非煤矿山建设项目安全设施设计审查和企业安全生产许可，深入推进整顿关闭，2022 年底前关闭不符合安全生产条件的非煤矿山 4 000 座以上。

2. 制定实施非煤矿山安全风险分级管控工作指南，严防地下矿山中毒窒息、火灾、跑车坠罐、透水、冒顶片帮，露天矿山坍塌、爆炸等事故，严厉打击外包工程以包代管、包而不管等违法违规行为。

3. 认真落实应急管理部等 8 部门印发的防范化解尾矿库安全风险工作方案，落实地方领导干部尾矿库安全包保责任制，严格控制增量、减少存量，2020 年底前起尾矿库数量原则上只减不增，2021 年底全面完成"头顶库"治理，2022 年底前尾矿库在线监测系统安装达到 100％。

4. 强化油气增储扩能安全保障，重点管控高温高压、高含硫井井喷失控和硫化氢中毒风险，严防抢进度、抢产能、压成本造成事故。

5. 加强深海油气开采安全技术攻关，强化极端天气海洋石油安全风险管控措施。

（六）消防安全整治

1. 组织开展打通消防"生命通道"工程，指导各地制定实施"一城一策、一区一策"综合治理方案，2022 年底前分类分批完成督办整改。

2. 针对高层建筑、大型商业综合体、地下轨道交通、石油化工等重点场所，制定实施消防安全能力提升方案，2022 年底前实现标准化、规范化管理。

3. 聚焦老旧小区、电动车、外墙保温材料、彩钢板建筑、家庭加工作坊、"三合"场所、城乡接合部、物流仓储等突出风险以及乡村火灾，分阶段集中开展排查整治，2022 年底前全面落实差异化风险管控措施。

4. 教育、民政、文化和旅游、卫生健康、宗教、文物等重点行业部门建立完善行业消防安全管理规定，明确 3 年整治目标任务，推动本系统单位提升消防安全管理水平。

5. 积极推广应用消防安全联网监测、消防大数据分析研判等信息技术，推动建设基层消防网格信息化管理平台，2021 年底前地级以上城市建成消防物联网监控系统，2022 年底前分级建成城市消防大数据库。

（七）道路运输安全整治

1. 深入实施公路安全生命防护工程，2020 年完成 15 万公里建设任务，巩固提升县乡公路安全隐患治理效果，加快临水临崖、连续长陡下坡、急弯陡坡等隐患路段和危桥改造整治，推进团雾多发路段科学管控，深化农村公路平交路口"千灯万带"示范工程，推进实施干线公路灾害防治工程，全面清理整治农村"马路市场"。

2. 依法加强对老旧客车和卧铺客车的重点监管，推动公交车安装驾驶区隔离设施，进一步提高大中型客车车身结构强度、座椅安装强度，增强车辆高速行驶稳定性、抗倾覆性和防爆胎能力；提高重载货车动力性能和制动性能，加强对货车辅助制动装置使用情况的监督检查；建立治超信息监管系统，严格落实治超"一超四罚"措施，深化"百吨王"专项整治，2022 年基本消除货车非法改装、"大吨小标"等违法违规突出问题。

3. 加强危险货物道路运输安全管理，重点整治常压液体危险货物不合规罐车、非法夹带运输等违法违规行为，2020 年出台实施统一的旅客乘坐客运车辆禁止携带和限制携带物品目录清单。

4. 督促运输企业落实主体责任，加强运输车辆和驾驶人动态监管，督促客运车辆司乘人员规范使用安全带，严格旅游客运安全全过程、全链条监管，对存在重大隐患的运输企业实施挂牌督办，持续深化"高危风险企业""终身禁驾人员"等曝光行动。

5. 加强部门协同联动和信息共享，依法严查严处客运车辆超速、超员、疲劳驾驶、动态监控装置应装未装、人为关闭等违法违规行为，坚决清查"黑服务区""黑站点""黑企业""黑车"。

（八）交通运输（民航、铁路、邮政、水上和城市轨道交通）和渔业船舶安全整治

1. 强化可控飞行撞地、跑道安全、空中相撞与危险品运输等重点风险治理，深化机场净空保护、鸟击防范等安全专项整治。

2. 开展铁路沿线环境安全专项整治，健全完善长效工作机制，落实铁路沿线环境安全治理各方责任，依法查处违规行为；开展危险货物运输安全专项整治，严厉打击非法托运、违规承运危险货物行为，整治危险货物储存场所；开展公铁水并行交汇地段安全专项整治，强化安全防护设施设置与管理，全面推进公跨铁立交桥固定资产移交，严厉打击危及铁路运营安全的机动车违章驾驶行为。

3. 加强寄递渠道安全整治，升级收寄验视、实名收寄、过机安检"三位一体"防控模式，坚决将危险化学品、易燃易爆物品等禁止寄递物品堵截在寄递渠道之外；强化寄递企业安全生产基础能力建设，加强火灾、车辆安全、作业安全隐患排查治理；深化寄递安全综合治理，健全联合监管机制和应急管理机制，严格落实部门监管、属地管理和企业主体"三个责任"。

4. 加强"四类重点船舶"和"六区一线"重点水域安全监管，开展船舶港口的隐患排查治理和风险防控，严厉打击渡船超航线、超乘客定额、超核定载重线、超核定抗风等级冒险航行，加强商渔船碰撞事故防范，以港口客运和危险货物作业为重点，强化港口安全管理，加快推进巡航救助一体化船艇和海事监管、航海保障装备设施、船舶应急设备库建设，开展航运枢纽大坝除险加固专项行动。

5. 加强综合交通枢纽和城市轨道交通运营管理，健全综合交通枢纽安全监管协调沟通工作机制，强化运营安全风险分级管控和隐患排查治理；加强设施设备维修及更新改造，提升设施设备运行可靠性;开展城市轨道交通保护区专项整治,严厉打击违规施工作业、私搭乱建、堆放易燃易爆危险品等危及城市轨道交通运营安全的行为。

6. 强化"拖网、刺网、潜捕"三类隐患特别突出的渔船和渔港水域安全监管,开展以渔船脱检脱管、船舶不适航、船员不适任和"脱编作业"为重点的专项整治,严厉打击渔船超员超载、超风级超航区冒险航行作业行为,全面提升依港管船管人管安全的能力和水平。

(九)城市建设安全整治

1. 加强对各地城市规划建设管理工作的指导,将城市安全韧性作为城市体检评估的重要内容,将城市安全发展落实到城市规划建设管理的各个方面和各个环节;充分运用现代科技和信息化手段,建立国家、省、市城市安全平台体系,推动城市安全发展和可持续发展。

2. 指导地方全面排查挪用原有建筑物改建改用为酒店、饭店、学校等人员聚集场所的安全隐患,依法处理违法建设、违规改变建筑主体结构或使用功能等造成安全隐患行为,督导各地整治安全隐患;根据城市建设安全出现的新情况,明确建筑物所有权人、参建各方的主体责任以及和相关部门的监管责任。

3. 开展摸底调查,研究制定加强城市地下空间利用和市政基础设施安全管理指导意见,推动各地开展城市地下基础设施信息及监测预警管理平台建设。

4. 完善燃气工程技术标准,健全燃气行业管理和事故防范长效机制;指导各地建立渣土受纳场常态监测机制、推动市政排水管网地理信息系统建设。

5. 指导各地开展起重机械、高支模、深基坑、城市轨道交通工程专项治理,依法打击建筑市场违法违规行为,推进建筑施工安全生产许可证制度改革。

6. 结合创建国家安全发展示范城市,推动解决城市安全重点难点问题。

(十)工业园区等功能区安全整治

1. 完善工业园区等功能区监管体制机制,明确职责分工,配齐配强专业执法力量,落实地方和部门监管责任;推进工业园区智慧化进程,2022 年底前园区集约化可视化安全监管信息共享平台建成率 100%。

2. 强化工业园区安全生产源头管控,规范工业园区规划布局,严格园区项目准入,合理布局工业园区内企业,完善公共设施,进一步提升工业园区本质安全水平。

3. 建立工业园区风险分级管控和隐患排查治理安全预防控制体系,开展工业园区整体性安全风险评估,按照"一园一策"原则,限期整改提升,有序推进工业园区封闭化管理。

4. 深化整治冶金类工业园区安全隐患,加强仓储物流园区和港口码头等安全管理。

5. 加强对水运港口口岸区域安全监督,强化口岸港政、海关、海事等部门的监管协作和信息通报制度,综合保障外贸进出口危险货物的安全高效运行。

(十一)危险废物等安全整治

1. 废弃危险化学品等危险废物安全整治 全面开展危险废物排查,对属性不明的固体废物进行鉴别鉴定,重点整治化工园区、化工企业、危险化学品单位等可能存在的违规堆存、随意倾倒、私自填埋危险废物等问题,确保危险废物储存、运输、处置安全。加快制定危险废物储存安全技术标准。建立完善危险废物由产生到处置各环节转移联单制度。建立部门联动、区域协作、重大案会商督办制度,形成覆盖危险废物产生、收集、储存、转移、运输、利用、处置等全过程的监管体系,加大打击故意隐瞒、偷放偷排或违法违规处置危险废物违法犯罪行为的力度。加快危险废物综合处置技术装备研发,合理规划布点处置企业,加快处置设施建设,消除处置能力瓶颈。督促企业对重点环保设施和项目组织安全风险评估论证和隐患排查治理。

2."煤改气"、洁净型煤、垃圾、污水和涉爆粉尘安全风险排查整治　加强"煤改气"、洁净型煤燃用以及渣土、生活垃圾、污水和涉爆粉尘的储存、处置等过程中的安全风险评估管控和隐患排查治理,强化相应的安全责任措施落实,确保人身安全。

第三节　安全生产专项整治保障措施

一、加强组织领导

各地区、各有关部门和单位要从增强"四个意识"、坚定"四个自信"、做到"两个维护"的政治高度,深刻认识做好专项整治三年行动的重要性,强化领导责任,勇于担当作为,层层抓好组织实施,绝不能只重发展不顾安全,更不能将其视为无关痛痒的事,搞形式主义、官僚主义。加强专项整治三年行动的动态检查和过程监督,纳入安全生产工作考核和党政领导干部绩效考核。国务院安委会加强专项整治三年行动的组织领导,建立国务院安委会主任办公例会制度,定期研究专项行动工作,协调解决重大问题。国务院安委会办公室负责日常工作,有关部门派联络员参加,相对集中办公,加强统筹协调,开展巡查督导,推动工作落实。各地区和各有关部门成立相应领导机构和工作专班,协调推动本地区、本行业领域专项整治工作。

二、完善法规制度

注重运用法治思维和法治方式,推动解决安全生产重点难点问题。推动制(修)订安全生产法、矿山安全法、危险化学品安全法、煤矿安全条例和道路机动车辆安全管理条例等法律法规,推动修改刑法有关条款,加大事故前主观故意违法犯罪行为的打击力度,制(修)订一批安全生产强制性国家标准、行业标准,推动设区的市制定完善安全生产地方性法规。推动建立安全生产公益诉讼制度,完善和落实安全生产行政执法和刑事司法衔接工作机制。建立企业生产经营安全责任全过程追溯制度,落实事故结案一年内整改评估公开和责任追究制度,建立安全生产标准化达标升级评审管理制度,修订完善企业安全生产费用提取管理使用办法和审计监督机制。

三、强化保障能力

完善支持安全生产工作政策体系,强化中央和地方财政对安全生产工作的经费保障,优化支出结构,向重点行业领域风险防控、事故隐患消除工作倾斜。地市级以上应急管理部门建立安全风险监测监控支撑机构,加快推进"互联网＋安全监管"模式,完善安全事故隐患排查治理信息系统,推行应用执法手册 App。重点地区扶持建设一批安全生产相关职业院校(含技工院校)和实习实训基地。培育发展一批有实力的安全技术服务机构,严格实施评价结果公开和第三方评估制度,防止弄虚作假。在高危行业领域全面实施安责险制度,推动保险机构落实事故预防技术规范,切实发挥参与风险评估管控和事故预防功能。

四、改进监管方式

实施分级分类精准化执法、差异化管理,防止简单化、"一刀切"。强化监管执法和跟踪问效,深入开展"四不两直"明察暗访、异地交叉检查,对重点问题、重大隐患盯住不放、一抓到底,督促彻底解决。坚持执法寓服务之中,组织专家组开展精准指导服务,实行远程"会诊"与上门服务相结合,帮助解决安全生产难题。督促企业自查自纠,对企业主动发现、自觉报告的问题隐患,重点实行跟踪指导服务。充分运用正反两方面的典型,积极开展以案释法,加强宣传教育,鼓励和引导广大群众特别是企业职工举报重大隐患和违法违规行为,形成全社会参与支持、群防群治的良好局面。

五、严格问效问责

各地区要加强对本辖区及其有关部门安全整治工作的监督,各有关部门要加强对本系统安全整治工作的监督,国务院安委会办公室要加强对地方和有关部门落实情况的监督,综合运用通报、约谈、警示、曝光等有效措施,加强督促检查,并将整治情况纳入安全生产考核巡查内容,确保取得实实在在的成效。要建立和落实与纪检监察部门安全生产违法违纪问题线索移交查办工作机制,对整治工作不负责、不作为,分工责任不落实、措施不得力,重大问题隐患悬而不决,逾期没有完成目标任务的,坚决问责。对因整治工作失职渎职,造成事故发生的,移交司法部门依法严肃追究法律责任。

第三章　安全生产责任制

第一节　我国安全生产责任体系概述

一、地方各级党委和政府的领导责任

依据《地方党政领导干部安全生产责任制规定》,党政同责、一岗双责、齐抓共管、失职追责。地方各级党政主要负责人是本地区安全生产第一责任人,班子其他成员对分管范围内的安全生产工作负领导责任。地方各级安全生产委员会主任由政府主要负责人担任,成员由同级党委和政府及相关部门负责人组成。

(1)地方各级党委要认真贯彻执行党的安全生产方针,在统揽本地区经济社会发展全局中同步推进安全生产工作,定期研究决定安全生产重大问题。加强安全生产监管机构领导班子、干部队伍建设。严格安全生产履职绩效考核和失职责任追究。强化安全生产宣传教育和舆论引导。发挥人大对安全生产工作的监督促进作用、政协对安全生产工作的民主监督作用。推动组织、宣传、政法、机构编制等单位支持保障安全生产工作动员社会各界积极参与、支持、监督安全生产工作。

(2)地方各级政府要把安全生产纳入经济社会发展总体规划,制定实施安全生产专项规划,健全安全投入保障制度。及时研究部署安全生产工作,严格落实属地监管责任。充分发挥安全生产委员会作用,实施安全生产责任目标管理。建立安全生产巡查制度,督促各部门和下级政府履职尽责。加强安全生产监管执法能力建设,推进安全科技创新,提升信息化管理水平。严格安全准入标准,指导管控安全风险,督促整治重大隐患,强化源头治理。加强应急管理,完善安全生产应急救援体系。依法依规开展事故调查处理,督促落实问题整改。

(3)乡、镇人民政府以及街道办事处、开发区管理机构等地方人民政府的派出机关应当按照职责,加强对本行政区域内生产经营单位安全生产状况的监督检查,协助上级人民政府有关部门依法履行安全生产监督管理职责。

二、负有安全监管职责部门的监管责任

按照管行业必须管安全、管业务必须管安全、管生产经营必须管安全和谁主管谁负责的原则,厘清安全生产综合监管与行业监管的关系,明确各有关部门安全生产工作职责。

（1）安全生产应急管理部门负责安全生产法规标准和政策规划制定修订、执法监督、事故调查处理、应急救援管理、统计分析、宣传教育培训等综合性工作，承担职责范围内行业领域安全生产监管执法职责。

（2）负有安全生产监督管理职责的有关部门依法依规履行相关行业领域安全生产监管职责，强化监管执法，严厉查处违法违规行为。

（3）其他行业领域主管部门负有安全生产管理责任，要将安全生产工作作为行业领域管理的重要内容，从行业规划、产业政策、法规标准、行政许可等方面加强行业安全生产工作，指导督促企事业单位加强安全管理。

（4）党委和政府其他有关部门要在职责范围内为安全生产工作提供支持保障，共同推进安全发展。

三、企业主体责任

企业对本单位安全生产工作负全面责任，要严格履行安全生产法定责任，建立健全自我约束、持续改进的内生机制。

企业应建立完善以企业主要负责人安全责任为重点的安全生产主体责任体系，推进企业安全生产由被动接受监管向主动加强管理转变，安全风险管控由政府推动为主向企业自主开展转变，隐患排查治理由部门行政执法为主向企业日常自查自纠转变，提升企业本质安全水平，有效化解重大安全风险，坚决遏制重特大事故，确保从业人员生命安全和身体健康，实现企业安全发展、高质量发展。

第二节　生产经营单位安全生产责任体系

生产经营单位必须遵守安全生产法和其他有关安全生产的法律、法规，加强安全生产管理，建立、健全安全生产责任制和安全生产规章制度，改善安全生产条件，推进安全生产标准化建设，提高安全生产水平，确保安全生产。

生产经营单位安全生产责任体系的主要内容包括第一责任人、全员岗位、安全防控、基础管理、应急处置等5项具体责任。

一、严格落实第一责任人责任

（一）压紧压实企业法定代表人和实际控制人的第一责任

企业董事长、总经理等法定代表人和实际控制人是安全生产第一责任人，对本单位的安全生产工作全面负责，应亲自推动安全生产制度的建立，经常深入一线检查安全生产工作，监督安全生产制度落实，研究解决安全生产突出问题。每年至少向职工大会或者职工代表大会、股东会或者股东大会报告一次安全生产情况，接受职工、股东监督。加强对下属独立法人单位的监督检查，督促其落实安全生产责任。

企业法定代表人、实际控制人等主要负责人应牢固树立安全发展理念，带头执行安全生产法律法规和规章标准,加强全员、全过程、全方位安全生产管理,做到安全责任、安全管理、安全投入、安全培训、应急救援"五到位"。在安全生产关键时间节点要在岗在位,盯守现场,确保安全。

(二)坚持依法生产经营

企业必须牢固树立法治观念,从事生产经营活动应依法取得安全生产相关证照和许可,符合法律法规、国家和地方标准或者行业标准规定的安全生产条件,及时主动获取并严格执行与安全生产相关的法律法规标准,依法健全完善安全生产规章规程和安全防范措施,严禁使用国家和省明令淘汰的危及生产安全的设备及工艺,及时淘汰更新陈旧落后的设备及工艺。生产有毒有害物质或发生事故可能影响公众安全健康的高危行业企业,应建立与公众沟通的交流机制,定期公布相关信息,自觉接受社会监督。

(三)加强安全管理机构和人员配备

企业应依法依规设置安全生产管理机构或者配备专(兼)职安全生产管理人员,企业主要负责人、分管安全生产负责人、安全总监、安全生产管理人员,应具备与本单位所从事的生产经营活动相适应的安全生产知识和管理能力。其中,高危行业企业应设置安全生产管理机构、配备专职安全生产管理人员,危险化学品、矿山、道路运输、建筑施工等重点行业领域内达到一定规模的生产经营单位应配备安全总监、注册安全工程师。

(四)加大安全生产经费投入

企业应将安全生产投入纳入年度生产经营计划和财务预算,足额提取并按规定使用安全生产费用,保障安全生产设备设施、风险辨识管控、隐患排查整治、设备维修保养、安全教育培训、劳动防护用品配备、保险、应急演练、事故救援等安全生产支出。高危行业企业应按照国家有关规定投保安全生产责任险,其他企业应积极投保。

(五)开展安全生产标准化建设

企业应按照法律法规和国家标准、行业标准,健全安全生产标准化工作体系和运行机制,积极开展以岗位达标、专业达标和标准化创建等为内容的安全生产标准化建设,建立完善本单位安全生产例会、例检、隐患排查治理等各项安全生产制度和操作规程,落实强制性安全生产标准规范,确保各生产环节和相关岗位工作符合法律、法规、标准、规程要求,实现安全行为规范化。

二、严格落实全员岗位责任

(一)建立健全全员安全生产责任制

企业应根据工作岗位的性质、特点和内容,明确各岗位的责任人员、责任范围、责任清单,制定从企业主要负责人到一线从业人员的安全生产职责,细化通俗易懂、便于操作的生产车间、班组、一线从业人员安全生产责任,实现企业安全生产责任全员全岗位全覆盖、安全生产责任全过程追溯。加强企业安全文化建设,将安全文化阵地向一线班组和工作现场延伸,强化员工安全生产意识。

企业应强化内部各部门安全生产职责,落实一岗双责制度。重点行业领域企业要严格落实以师带徒制度,确保新招员工安全作业。企业安全管理人员、重点岗位、班组和一线从业人员要严格履行自身安全生产职责,严格遵守岗位安全操作规程,确保安全生产,建立"层层负责、人人有责、各负其责"的安全生产工作体系。

(二)开展安全生产教育培训

企业应严格按照国家安全培训规定要求,采取"送出去学、请进来教"等形式,加强对从业人员的安全生产理论教学与实践技能培训,并记入教育培训考核档案。高危行业企业应抓好在岗员工安全技能提升培训、新上岗员工安全技能培训、班组长安全技能提升培训等。通过经常性的教育培训,使企业负责人和安全生产管理人员具备与岗位相适应的安全生产知识和管理能力,使特种作业人员具备特种岗位作业的专业技能,使班组长(工段长)、车间主任具备一线岗位安全管理的知识和能力,使一线从业人员具备本岗位安全生产和应急处置的基本知识和安全操作技能。未经安全生产教育培训合格的从业人员,不得上岗作业。特种作业人员必须按照国家有关规定经专门的安全作业培训并取得相应资格,方可上岗作业。

(三)严格责任制考核奖惩

企业应每年组织全员安全生产责任制落实情况考核,考核结果与员工收入、晋级等挂钩,激发全员参与安全生产的积极性和主动性,推动全员安全生产责任制落实。

三、严格落实安全防控责任

(一)加强安全风险辨识管控

企业应严格落实安全风险分级管控和主动报告制度,定期排查、全面辨识、动态更新、严格管控生产工艺、设施设备、作业环境、人员行为和管理体系等方面存在的安全风险,并依据事故发生概率和可能后果,按照有关标准评估确定风险等级,针对不同等级的安全风险制定相应安全管控措施,逐一明确具体的责任部门、责任人,确保风险可控。

(二)加强事故隐患排查治理

企业应牢固树立"隐患无处不在、成绩每天归零"的意识,视隐患为事故,建立全员参与、全岗位覆盖、全过程衔接的隐患排查机制和清单管理、动态更新、闭环整改的动态调整机制,持续组织开展事故隐患排查治理;对动态排查出来以及政府主管部门通知整改的安全隐患,应逐条落实整改措施、责任、资金、时限和事故应急预案。完善举报奖励制度,发动并激励员工主动排查、发现举报事故隐患。自身安全监管力量不足的企业,应按照国家有关安全规范,定期组织专家或委托有资质的第三方安全技术服务机构开展安全检测和隐患排查治理。

(三)加强各类危险源安全管理

企业应对重大危险源进行登记和建档,采用先进技术手段对重大危险源实施现场动态监控,定期检测评估,制定应急预案,完善控制措施,按照有关规定建立健全安全监测监控系统并与负有安全生产监督管理职责的部门进行联网。对具有较大或以上危险因素的生产经营场所和有关设施设备,应建立运行、巡检、维修、保养的专项安全管理制度,安排专人负责管理,并设置明显的安全警示标志和事故应急处置卡,配备消防、防雷、通信、照明等应急器材和设施,根据生产经营设施的承载负荷或者生产经营场所核定的人数控制人员进入。定期组织对安全设施设备进行体检式安全评估,确保始终处于安全可靠状态。

(四)加强危险作业安全管理

企业应加强对爆破、吊装、动火、进入受限空间、登高,设备大修、危险装置设备试生产、建筑物或者构筑物拆除、油罐清洗、临时用电、涂装、危险品装卸,以及涉及重大危险源、油气管道、临近高压输电线路等危险作业的安全管理,制定专项安全管理制度措施,安排专门人员进行现场安全管理,监督危险作业人员严格按照操作规程进行操作,及时采取措施排除事故隐患、纠正违规行为。现场管理人员不得擅离职守。

四、严格落实基础管理责任

(一)认真执行安全生产"三同时"制度

企业新建、改建、扩建工程项目的安全设施投资应纳入项目建设概算,安全设施与建设项目主体工程应同时设计、同时施工、同时投入生产和使用。高危行业领域建设项目应依法进行安全评价,安全设施未经设计审查合格不得施工建设,未经验收合格不得投入生产和使用。部分早期建设运行、未进行安全设计审核和验收的企业,应请原设计单位或有资质的第三方安全技术服务机构进行安全评估和设计,并按要求进行补充建设,经验收合格后再投入使用。

(二)加强职工安全防护管理

企业应按规定开展从业人员身体健康检查,定期为从业人员无偿提供和更新符合国家标准或者行业标准的劳动防护用品,督促、教育从业人员正确佩戴、使用,并如实记录购买和发放劳动防护用品情况。劳动防护用品不得以货币或者其他物品替代。企业工会应加强监督检查,贯彻实施工会劳动保护"三个条例",建立专兼职结合的工会劳动保护队伍。

(三)加强外包等业务安全管理

企业委托其他具有专业资质的单位进行危险作业的,应在作业前与受托方签订安全生产管理协议,告知其作业现场存在的危险因素和防范措施,明确各自的安全生产职责。企业将生产经营项目、场所、设备发包或出租的,应与承包、承租单位签订专门的安全生产管理协议,或在承包合同、租赁合同中约定有关的安全生产管理事项。

(四)加强复工复产安全管理

企业复工复产前,应严格按照国家及行业有关标准和规定,制定复工复产方案,组织对生产系统特别是管道、阀门、仪表等机械设备,通风除尘、污水处理等处理设施,应急报警、放射防护、防雷防爆装置等保护设施进行全面检查,确保安全方可复工使用。

(五)提升智能制造水平

企业应积极运用智能化、信息化手段加强安全生产,推广应用先进适用的新技术、新工艺、新装备和新材料,建立安全生产监控系统并接入政府监管部门信息管理平台。加快实施机械化换人、自动化减人,实现精细化生产、标准化管理,从源头提高企业安全生产水平。化工生产企业应建成集重大危险源监控信息、可燃有毒气体检测报警信息、企业安全风险分区信息、生产人员在岗在位信息以及企业生产全流程管理信息等于一体的信息管理系统,实现风险隐患"一表清、一网控、一体防"。

五、严格落实应急处置责任

(一)强化应急救援能力建设

企业应针对本单位可能发生的生产安全事故特点及危害,制定相应的应急救援预案。建立专职或兼职人员组成的应急救援队伍,不具备单独建立专业应急救援队伍的企业,应与邻近建有专业救援队伍的企业签订救援协议,或者联合建立专业应急救援队伍,配备与本企业风险等级相适应的应急救援器材、设备和装备等物资,定期组织应急救援实战演练和人员避险自救训练,使各级各类人员熟悉应急救援预案,熟记岗位职责和应急处置要点,熟练操作应急救援器材和设备、装备,提高现场应急救援能力。

(二)严格事故报告和应急处置

企业应严格遵守事故报告有关规定,按照报告时限、内容、方式、对象等要求,及时、完整、客观地向有关部门报告事故,不得瞒报、漏报、谎报、迟报。企业法定代表人和实际控制人应按规定第一时间到达事故现场,立即启动事故应急救援预案,积极采取有效措施组织抢救,防止事故扩大。

(三)强化举一反三整改落实

企业应主动配合有关部门对责任事故的调查处理,妥善做好事故善后工作,深刻吸取事故教训,按照事故调查报告全面落实整改措施,并接受监督检查。重视加强对轻微事故、未遂事故的调查处理及原因分析,研究落实预防改进措施,防范人员伤亡和有较大财产损失的事故发生。建立事故信息共享机制,针对同行业、本地区发生的典型事故,及时组织学习反思、警示教育和自查自纠,有效预防类似事故发生。

第三节　生产经营单位主要负责人及
有关人员的安全生产责任

生产经营单位的主要负责人对本单位的安全生产工作全面负责,分管安全生产的负责人直接监督管理安全生产工作,其他负责人在各自分管业务范围内履行安全生产工作职责。

一、生产经营单位主要负责人的安全生产责任

依据《安全生产法》的规定,生产经营单位的主要负责人对本单位安全生产工作负有下列职责:

(一)建立健全并落实本单位全员安全生产责任制,加强安全生产标准化建设

企业主要负责人负责建立、健全企业的全员安全生产责任制。

明确从主要负责人到一线从业人员(含劳务派遣人员、实习学生等)的安全生产责任、责任

范围和考核标准。健全并落实安全生产责任制应覆盖本企业所有组织和岗位,其责任内容、范围、考核标准要简明扼要、清晰明确、便于操作、适时更新。企业一线从业人员的安全生产责任制,要力求通俗易懂。

安全生产工作必须具有全面性,必须做到层层有人负责。"加强安全生产标准化建设"说明加强安全生产标准化建设已经不再仅仅是企业的责任,同时也将成为企业主要负责人的责任,企业主要负责人必须承担起安全生产标准化建设的责任。

(二)组织制定并实施本单位安全生产规章制度和操作规程

安全生产规章制度是生产经营单位搞好安全生产,保证其正常运转的重要手段。各企业应按照有关法律、法规、规章、标准的规定,结合企业实际情况制定并实施安全生产规章制度和操作规程。

(三)组织制订并实施本单位安全生产教育和培训计划

安全生产教育和培训是提高从业人员安全生产意识、安全生产知识和技能的重要措施。

企业主要负责人要指定专人组织制定并实施本企业全员安全生产教育和培训计划。企业要将全员安全生产责任制教育培训工作纳入安全生产年度培训计划,通过自行组织或委托具备安全培训条件的中介服务机构等实施。要通过教育培训,提升所有从业人员的安全技能,培养良好的安全习惯。要建立健全教育培训档案,如实记录安全生产教育和培训情况。

(四)保证本单位安全生产投入的有效实施

安全生产投入是保障安全生产的重要基础。生产经营单位应当具备的安全生产条件所必需的资金投入,由生产经营单位的决策机构、主要负责人或者个人经营的投资人予以保证,并对由于安全生产所必需的资金投入不足导致的后果承担责任。

有关生产经营单位应当按照规定提取和使用安全生产费用,专门用于改善安全生产条件。

安全生产资金投入主要包括建设安全技术措施工程;更新安全设施、设备以及这些设施、设备的日常维保;职工的安全生产教育和培训;以及其他预防事故发生的安全管理与技术措施费用等。

(五)组织建立并落实安全风险分级管控和隐患排查治理双重预防工作机制,督促、检查本单位的安全生产工作,及时消除生产安全事故隐患

安全风险分级管控是指通过识别生产经营活动中存在的危险、有害因素,并运用定性或定量的统计分析方法确定其风险严重程度,进而确定风险控制的优先顺序和风险控制措施,以达到改善安全生产环境、减少和杜绝安全事故的目标而采取的措施和规定。构建双重预防机制已经不再仅仅是企业层面的问题,企业的主要负责人也要承担起相应的责任来。企业负责人要定期召开有关安全生产的会议,听取有关安全生产工作的汇报,对反映的安全问题或者存在的事故隐患,认真组织研究,制订切实可行的安全措施,并督促有关部门限期解决。定期组织安全生产全面检查,研究分析安全生产存在的问题。对检查中发现的事故隐患,指定专人负责,立即整改;难以立即整改的,组织有关职能部门研究,采取有效措施,限期整改,并在人、财、物上予以保证,及时消除事故隐患。加强事故隐患整改和安全措施落实情况的监督检查,发现问题及时解决,把事故消灭在萌芽状态。

（六）组织制定并实施本单位的生产安全事故应急救援预案

生产经营单位应当针对本单位可能发生的生产安全事故的特点和危害，进行风险辨识和评估，制定相应的生产安全事故应急救援预案，并向本单位从业人员公布。

生产经营单位主要负责人负责组织实施，对应急预案的真实性、实用性负责。

易燃易爆物品、危险化学品等危险物品的生产、经营、储存、运输单位，非煤矿山、金属冶炼、城市轨道交通运营、建筑施工单位，以及宾馆、商场、娱乐场所、旅游景区等人员密集场所经营单位，应当在应急预案公布之日起 20 个工作日内，按照分级原则和隶属关系，向县级以上应急管理部门和其他负有安全生产监督管理职责的部门备案，并依法向社会公布。

易燃易爆物品、危险化学品等危险物品的生产、经营、储存、运输单位，矿山、金属冶炼、城市轨道交通运营、建筑施工单位，以及宾馆、商场、娱乐场所、旅游景区等人员密集场所经营单位，应当至少每半年组织一次生产安全事故应急救援预案演练，并将演练情况报送所在地县级以上地方人民政府负有安全生产监督管理职责的部门。

（七）及时、如实报告生产安全事故

生产经营单位发生生产安全事故后，事故现场有关人员应当立即报告本单位负责人。

单位负责人接到事故报告后，应当迅速采取有效措施，组织抢救，防止事故扩大，减少人员伤亡和财产损失，并按照国家有关规定立即如实报告当地负有安全生产监督管理职责的部门，不得隐瞒不报、谎报或者迟报，不得故意破坏事故现场、毁灭有关证据。

生产经营单位主要负责人除了上述七条法定职责外，全国各省市制定的地方法规中，作了相应的补充规定。例如，《江苏省安全生产条例》规定，生产经营单位的主要负责人除应当履行《中华人民共和国安全生产法》规定的安全生产职责外，还应当履行下列职责：

1. 每季度至少组织一次安全生产全面检查，研究分析安全生产存在的问题。

2. 每年至少组织并参与一次事故应急救援演练。

3. 发生事故时迅速组织抢救，并及时、如实向负有安全生产监督管理职责的部门报告事故情况，做好善后处理工作，配合调查处理。

4. 每年向职工大会或者职工代表大会、股东会或者股东大会报告安全生产工作和个人履行安全生产管理职责的情况，接受工会、从业人员、股东对安全生产工作的监督。

二、安全总监安全生产职责

1. 矿山、金属冶炼、建筑施工、船舶修造、船舶拆解、道路运输、危险化学品、粉尘涉爆、涉氨制冷等行业和领域内达到一定规模的生产经营单位推行安全总监制度。

2. 安全总监应当具有工程师以上专业技术职称或者取得注册安全工程师资格，熟悉安全生产法律、法规、标准和规范。

3. 安全总监负责综合协调管理本单位的安全生产工作。

三、生产经营单位安全管理人员的安全生产责任

生产经营单位的安全生产管理机构以及安全生产管理人员履行下列职责：

1. 组织或者参与拟订本单位安全生产规章制度、操作规程和生产安全事故应急救援预案。

2. 组织或者参与本单位安全生产教育和培训，如实记录安全生产教育和培训情况。

3. 组织开展危险源辨识和评估，督促落实本单位重大危险源的安全管理措施。

4. 组织或者参与本单位应急救援演练。

5. 检查本单位的安全生产状况，及时排查生产安全事故隐患，提出改进安全生产管理的建议。

生产经营单位的安全生产管理人员应当根据本单位的生产经营特点，对安全生产状况进行经常性检查；对检查中发现的安全问题，应当立即处理；不能处理的，应当及时报告本单位有关负责人，有关负责人应当及时处理。检查及处理情况应当如实记录在案。

生产经营单位的安全生产管理人员在检查中发现重大事故隐患，依规定向本单位有关负责人报告，有关负责人不及时处理的，安全生产管理人员可以向主管的负有安全生产监督管理职责的部门报告，接到报告的部门应当依法及时处理。

6. 制止和纠正违章指挥、强令冒险作业、违反操作规程的行为。

7. 督促落实本单位安全生产整改措施。

生产经营单位可以设置专职安全生产分管负责人，协助本单位主要负责人履行安全生产管理职责。

生产经营单位的安全生产管理机构以及安全生产管理人员除了上述七条法定职责外，全国各省市制定的地方法规中，作了相应的补充规定。例如，《江苏省安全生产条例》规定，生产经营单位的安全生产管理机构和安全生产管理人员除应当履行《中华人民共和国安全生产法》规定的安全生产职责外，还应当履行下列职责：

① 组织安全生产日常检查、岗位检查和专业性检查，并每月至少组织一次安全生产全面检查。

② 督促各部门、各岗位履行安全生产职责，并组织考核、提出奖惩意见。

③ 参与所在单位事故的应急救援和调查处理。

生产经营单位的安全生产管理机构以及安全生产管理人员应当恪尽职守，依法履行职责。生产经营单位作出涉及安全生产的经营决策，应当听取安全生产管理机构以及安全生产管理人员的意见。生产经营单位不得因安全生产管理人员依法履行职责而降低其工资、福利等待遇或者解除与其订立的劳动合同。

四、从业人员安全生产职责

（一）作业过程中

1. 应严格落实岗位安全责任，严格遵守本单位的安全生产规章制度和操作规程。

2. 服从管理。

3. 正确佩戴和使用劳动防护用品。

（二）安全生产教育与培训

接受安全生产教育和培训，掌握本职工作所需的安全生产知识，提高安全生产技能，增强事故预防和应急处理能力。

（三）发生事故隐患及不安全因素时

发现事故隐患或者其他不安全因素时，应立即向现场安全生产管理人员或者本单位负责人报告；接到报告的人员应当及时予以处理。

第四章　安全生产管理基础

第一节　安全生产管理基础知识

一、安全管理的概念

(一)安全管理

安全管理,就是管理者对安全生产进行的决策、计划、组织、控制和协调的一系列活动,以保护职工在生产过程中的安全与健康,保护国家和集体的财产不受损失,促进企业改善管理,提高效益,保障事业的顺利发展。

安全管理也可以表述为生产经营单位的生产管理者、经营者,为实现安全生产目标,按照一定的安全管理原则,科学地组织、指挥和协调全体员工进行安全生产的活动。

对于事故的预防与控制,安全教育对策和安全管理对策则主要着眼于人的不安全行为,安全技术对策着重解决物的不安全状态。

(二)安全生产管理原则和目标

安全生产管理原则是指在生产管理的基础上指导安全生产活动的通用规则。

安全生产管理的目标是减少、控制危害和事故,尽量避免生产过程中由于事故所造成的人身伤害、财产损失及其他损失。

现代安全管理是以预防事故为中心。

安全管理中所称的事故是指可造成人员死亡、伤害、职业病、财产损失或其他损失的意外事件;所称的风险是指事故发生的可能性与严重性的结合,或表述为发生特定危险事件的可能性与后果的结合。

(三)安全生产五要素

有学者提出了安全生产"五要素",即安全文化、安全法制、安全责任、安全监管和安全投入。也有学者提出现代安全生产管理"五同时"原则,即企业领导在计划、布置、检查、总结、评比生产的同时,要计划、布置、检查、总结、评比安全生产工作。

企业安全目标管理体系的建立是一个自上而下、自下而上反复进行的过程,是全体职工努力的结果,是集中管理与民主相结合的结果。

二、安全管理的基本原理

安全管理的基本原理是现代企业安全科学管理的基础、战略和纲领。

（一）系统原理

1. 系统原理的概念　系统原理是指人们在从事管理工作时，运用系统的观点、理论和方法对管理活动进行充分的分析，以达到管理的优化目标，即从系统论的角度来认识和处理管理中出现的问题。

2. 系统原理的原则

（1）整分合原则：整体规划，明确分工，有效综合。

在企业安全管理系统中："整"，就是企业领导在制定整体目标，进行宏观决策时，必须把安全作为一项重要内容加以考虑；"分"，就是安全管理必须做到明确分工，层层落实，建立健全安全组织体系和安全生产责任制度；"合"，就是要强化安全管理部门的职能，保证强有力的协调控制，实现有效综合。

高效的现代安全生产管理必须在整体规划下明确分工，在分工基础上有效综合，这就是整分合原则。运用此原则，要求企业管理者在制定整体目标和宏观决策时，必须将安全生产纳入其中。

（2）反馈原则：管理实质上就是一种控制，必然存在着反馈问题。由控制系统把信息输送出去，又把其作用结果返送回来，并对信息的再输出发生影响，起着控制的作用，以达到预定的目的。原因产生结果，结果又构成新的原因、新的结果。反馈在原因和结果之间架起了桥梁。

（3）封闭原则：封闭原则是指任何一个系统管理手段必须构成一个连续封闭的回路，才能形成有效的管理运动。

在企业安全生产中，各管理机构之间、各种管理制度和方法之间，必须具有紧密的联系，形成相互制约的回路。这体现了对封闭原则的运用。

（4）动态相关性原则：动态相关性原则，是指构成系统的各个要素是运动和发展的，而且是相互关联的，它们之间既相互联系又相互制约。在生产经营单位建立、健全安全生产责任制是对这一原则的应用。

安全管理的动态相关性原则说明如果系统要素处于静止、无关的状态，则事故就不会发生。

3. 系统安全概念　在系统寿命周期内应用系统安全管理及系统安全工程原理，识别危险源并使其危险性减至最小，从而使系统在规定的性能、时间和成本范围内达到最佳的安全程度。系统安全理论认为，新的技术发展会带来新的危险源，安全工作的目标就是控制危险源，努力把事故发生概率降到最低。

根据系统安全理论，安全工作目标就是控制危险源，努力把事故概率降到最低，即使发生事故，也可以把伤害和损失控制在较轻的程度上。

按照系统安全工程的观点，安全是指系统中人员免遭不可承受风险的伤害。风险是指发生特定危险事件的可能性与后果的结合。

事故致因理论是安全原理的主要内容之一，用于揭示事故的成因、过程与结果，所以有时又叫事故机理或事故模型。

（1）单因素理论；

（2）轨迹交叉论；

（3）因果论。

只要事故的因素存在，发生事故是必然的，只是时间或早或迟而已，这就是因果关系原则。

按照因果连锁理论，企业安全工作的中心就是防止人的不安全行为、消除机械或物质的不安全状态、中断连锁的进程，从而避免事故的发生。

美国安全工程专家海因里希对 5 000 多起伤害事故案例进行了详细调查研究后得出海因里希法则，这一法则意为：当一个企业有 330 起隐患或违章，必然要发生 29 起轻伤或故障，另外还有一起重伤、死亡或重大事故，即 300：29：1。

（二）人本原理

1. 人本原理的概念　　人本原理是管理学四大原理之一。它要求人们在管理活动中坚持一切以人为核心，以人的权利为根本，强调人的主观能动性，力求实现人的全面、自由发展。其实质就是充分肯定人在管理活动中的主体地位和作用。同时，通过激励调动和发挥员工的积极性和创造性，引导员工去实现预定的目标。

人本原理要求人们在安全管理中，必须把人的因素放在首位，体现以人为本的指导思想。因为管理活动中，作为管理对象的要素和管理系统各环节，都需要人掌管、运作、推行和实施。所以，一切安全管理活动都是以人为本展开。人是安全管理活动的主体，也是安全管理活动的客体。

2. 人本原理的原则

（1）能级原则：能级原则认为，人和其他要素的能量一样都有大小和等级之分，并会随着一定条件而发展变化。它强调知人善任，调动各种积极因素，把人的能量发挥在管理活动相适应的岗位上。

（2）动力原则：管理必须有强大动力，只有正确地运用动力，才能使管理活动持续有效地进行下去。动力原则认为，推动安全管理活动的基本力量是人，必须有能够激发人工作能力的动力。内容分为：物质动力、精神动力、信息动力。

（3）激励原则：激励原则是思想教育的基本原则之一。激励，即激发和鼓励。它是指思想教育必须科学地运用各种激励手段，使它们有机结合，从而最大限度地激发人们在生产、劳动、工作和学习中的积极性，鼓励人们发奋努力，多做贡献。

安全管理必须要有强大的动力，并且正确地应用动力，从而激发人们保障自身和集体安全的意识，自觉地、积极地搞好安全工作。这种管理原则就是人本原理中的激励原则。

按安全生产绩效颁发奖金是对人本原理的动力原则和激励原则的具体应用。

当生产和其他工作与安全发生矛盾时，要以安全为主，生产和其他工作要服从安全，这就是安全第一原则。

（三）预防原理

安全生产管理应以预防为主，通过有效的管理和技术手段，减少和防止人的不安全行为和物的不安全状态，这就是预防原理。

1. **偶然损失原则**　偶然损失原则认为事故和损失之间有下列关系:"一个事故的后果产生的损失大小或损失种类由偶然性决定",反复发生的同种事故常常并不一定产生相同的损失。偶然损失原则告诉我们,无论事故损失大小,都必须做好预防工作。

2. **因果关系原则**　防止灾害的重点是必须防止发生事故,事故之所以发生有它的必然原因。亦即事故的发生与其原因有着必然的因果关系。

3. **"3E"原则**　造成人的不安全行为和物的不安全状态的原因可归结为 4 个方面,即技术原因、教育原因、身体和态度原因以及管理原因。针对这 4 个方面的原因,可以采取 3 种防止对策,包括工程技术对策、教育对策和法制对策,即"3E"原则。

4. **本质安全化原则**　本质安全化一般是针对某一个系统或设施而言,是表明该系统的安全技术与安全管理水平已达到本单位的基本要求,系统可以较为安全可靠地运行。

本质安全化原则是指从一开始和本质上实现安全化,从根本上消除事故发生的可能性,从而达到预防事故发生的目的。

本质安全化是安全生产管理预防为主的根本体现,它要求设备或设施含有内在的防止发生事故的功能,而不是事后采取完善措施补偿。

本质安全化原则既可以应用于设备、设施,也能应用于建设项目。

(四) 强制原理

采取强制管理的手段控制人的意愿和行为,使个人的活动、行为等受到安全生产管理要求的约束,从而实现有效的安全生产管理,这就是强制原理。

强制原理中,所谓强制就是绝对服从,不必经被管理者同意便可采取控制行动。

(五) 事故能量转移理论

事故能量转移理论是一种事故控制论。研究事故的控制的理论从事故的能量作用类型出发,即研究机械能(动能、势能)、电能、化学能、热能、声能、辐射能的转移规律;研究能量转移作用的规律,即从能级的控制技术,研究能转移的时间和空间规律;预防事故的本质是能量控制,可通过对系统能量的消除、限值、疏导、屏蔽、隔离、转移、距离控制、时间控制、局部弱化、局部强化、系统闭锁等技术措施来控制能量的不正常转移。

根据能量转移理论的概念,事故的本质是能量的不正常作用或转移。

根据能量意外释放理论,可以利用各种屏蔽或防护设施来防止意外的能量转移,从而防止事故的发生。

(六) 事故频发倾向理论

事故频发倾向理论是阐述企业工人中存在着个别人容易发生事故的、稳定的、个人的内在倾向的一种理论。该理论认为事故频发倾向者的存在是工业事故发生的主要原因。

三、安全管理方法

经过国内外多年的研究,安全管理从"事后型"转化为"事前型",即从事故发生后寻找问题,逐渐发展为在事故发生前排除问题。国内外已经研究总结出许多行之有效的安全生产管理方法。现介绍几种简单实用的安全生产管理方法:

（一）安全检查表分析法（SCL）

安全检查表分析法是运用安全系统工程的方法，发现系统以及设备、机器装置和操作管理、工艺、组织措施中的各种不安全因素，列成表格进行分析。安全检查表分析法是一种定性的风险分析辨识方法，它是将一系列项目列出检查表进行分析，以确定系统、场所的状态是否符合安全要求，通过检查发现系统中存在的风险，提出改进措施的一种方法。

1. 安全检查表分析法操作步骤　安全检查表分析法主要包括四个操作步骤：收集评价对象的有关数据资料；选择或编制安全检查表；现场检查评价；编写评价结果分析。

编制安全检查表应收集研究的主要资料：

（1）有关法规、规程、规范及规定。

（2）同类企业的安全管理经验及国内外事故案例。

（3）通过系统安全分析已确定的危险部位及其防范措施。

（4）装置的有关技术资料等。

选择指导性或强制性的安全检查表分析法，有关人员按照国家有关法律、法规、标准、规范的要求，根据系统或经验分析的结果，编制若干指导性或强制性的安全检查表。例如日本劳动省的安全检查表、美国杜邦公司的过程危险检查表、我国机械工厂安全性评价表、危险化学品经营单位安全评价现场检查表、加油站安全检查表、液化石油充装站安全评价现场检查表、光气及光气化产品生产装置安全检查表等。

2. 安全检查表的编制

（1）编制安全检查表应注意的问题

① 检查表的项目内容应繁简适当、重点突出、有启发性。

② 检查表的项目内容应针对不同评价对象有侧重点，尽量避免重复。

③ 检查表的项目内容应有明确的定义，可操作性强。

④ 检查表的项目内容应包括可能导致事故的一切不安全因素，确保能及时发现各种安全隐患。

（2）编制安全检查表时评价单元的选择：安全检查表的评价单元确定是按照评价对象的特征进行选择的，例如编制生产企业的安全生产条件安全检查表时，评价单元可分为安全管理单元、厂址与平面布置单元、生产储存场所建筑单元、生产储存工艺技术与装备单元、电气与配电设施单元、防火防爆防雷防静电单元、公用工程与安全卫生单元、消防设施单元、安全操作与检修作业单元、事故预防与救援处理单元和危险物品安全管理单元等。

（3）安全检查表的类型：常见的安全检查表有否决型检查表、半定量检查表和定性检查表三种类型。

3. 现场检查评价　根据安全检查表所列项目，在现场逐项进行检查，对检查到的事实情况如实记录和评定。

4. 编写评价结果分析　根据检查的记录及评定，按照安全检查表的评价计值方法，对评价对象给予安全程度评级。安全检查表应列举需查明的所有会导致事故的不安全因素。它采用提问的方式，要求回答"是"或"否"。每个检查表均需注明检查时间、检查者、直接负责人等，以便分清责任。安全检查表的设计应做到系统、全面，检查项目应明确。

5. 编制安全检查表主要依据

(1) 有关标准、规程、规范及规定。

(2) 国内外事故案例。

(3) 通过系统分析,确定的危险部位及防范措施,都是安全检查表的内容。

(4) 研究成果:编制安全检查表必须采用最新的知识和研究成果,包括新的方法、技术、法规和标准。

(二) 安全生产目标管理法

企业安全生产目标管理法是根据企业的整体目标,在分析内外部情况的基础上确定安全生产所达到的目标并努力实现。安全生产目标管理法是企业现代化管理方法在安全管理中的应用。根据企业生产经营的总目标和法律法规对安全生产的要求,结合企业的中、长期安全管理规划,基于企业安全生产管理现状,制定安全生产管理目标,建立安全生产管理保证体系,确定落实措施。

安全生产目标管理的任务是制定目标、明确责任、落实措施、实行严格的考核和奖惩。

安全目标管理有三个环节,即科学制定目标、合理分析目标、精准实施目标。主要内容如下:

1. 确定切实可行的目标值,如:无重伤以上生产安全责任事故;无火灾责任事故等。

2. 根据安全生产目标,制定实施办法,如签订安全生产责任状。

3. 对各级领导干部、各管理部门和基层单位及管理人员规定具体的考核标准和奖惩办法。

4. 安全生产目标管理必须与安全生产责任制挂钩。

5. 安全生产目标管理必须与企业经营形式挂钩,作为整个企业目标管理的一个重要组成部分。

6. 企业及其主管部门应对安全生产目标管理计划的执行情况进行定期的检查和考核。

(三) PDCA 循环法

PDCA 循环法(即 Plan,计划;Do,实施;Check,检查;Action,处理)的实质是把管理工作分为 4 个阶段,按以下 8 个步骤循环提高。

1. 分析现状找出问题,即查隐患。

2. 分析产生问题的原因,即查原因。

3. 找出主要影响因素。

4. 制订整改计划与措施,即定措施。

5. 实施措施与计划。

6. 检查决策实施效果,即检查。

7. 实行标准化,巩固成果,即总结经验。

8. 转入下一个循环处理问题,即转入下一循环。

(四) 作业条件危险性分析法(LEC)

作业条件危险性分析法是一种半定量的风险评价方法,它用与系统风险有关的三种因素指标值的乘积来评价操作人员伤亡风险的大小。三种因素分别是:L(事故发生的可能性)、E(人员暴露于危险环境中的频繁程度)和 C(一旦发生事故可能造成的后果)。给三种因素的不同等

级分别确定不同的分值,再以三个分值的乘积 D(危险性)来评价作业条件危险性的大小,即:

$$D=L×E×C$$

D 值越大,说明该系统的危险性越大。

式中:L——发生事故的可能性大小,按表 4-1 取值;

E——人体暴露在这种危险环境中的频繁程度,按表 4-2 取值;

C——一旦发生事故会造成的损失后果,按表 4-3 取值。

表 4-1 L——发生事故的可能性大小取值

事故发生的可能性	分数值
完全可以预料	10
相当可能	6
可能,但不经常	3
可能性小,完全意外	1
很不可能,可以设想	0.5
极不可能	0.2
实际不可能	0.1

表 4-2 E——人体暴露在这种危险环境中的频繁程度取值

暴露于危险环境的频繁程度	分数值
连续暴露	10
每天工作时间内暴露	6
每周一次,或偶然暴露	3
每月一次暴露	2
每年几次暴露	1
非常罕见地暴露	0.5

表 4-3 C——一旦发生事故会造成的损失后果取值

发生事故产生的后果	分数值
大灾难,许多人死亡	100
灾难,数人死亡	40
非常严重,一人死亡	15
严重,重伤	7
重大,致残	3
引人注目,需要救护	1

根据计算出的危险性分值 D 的大小(表 4-4),确定危险程度、风险等级和对策。

表4-4　根据D值确定危险程度、风险等级和对策

D值	风险等级	危险程度	对策
>320	1	极其危险	不能继续作业
160～320	2	高度危险	要立即整改
70～160	3	显著危险	需要整改
20～70	4	一般危险	需要注意
<20	5	稍有危险	可以接受

（五）预先危险性分析法

预先危险性分析也称初始危险分析，是安全评价的一种方法，是在每项生产活动之前，特别是在设计的开始阶段，对系统存在的危险类别、出现条件、事故后果等进行概略分析，尽可能评价出潜在的危险性。预先危险性分析是进一步进行危险分析的先导，是一种宏观概略定性分析方法。在项目发展初期使用预先危险性分析法有以下优点：① 方法简单易行、经济、有效；② 能为项目开发组分析和设计提供指南；③ 能识别可能的危险，用很少的费用、时间就可以实现改进。

运用预先危险性分析法主要目的：① 大体识别与系统有关的主要危险；② 鉴别产生危险的原因；③ 预测事故出现对人体及系统产生的影响；④ 判定已识别的危险性等级，并提出消除或控制危险性的措施。

预先危险性分析适用于固有系统中采取新的方法，接触新的物料、设备和设施的危险性评价。该法一般在项目的发展初期使用。当只希望进行粗略的危险和潜在事故情况分析时，也可以用预先危险性分析对已建成的装置进行分析。

预先危险性分析法分析步骤：① 危害辨识，通过经验判断、技术诊断等方法查找系统中存在的危险、有害因素。② 确定可能事故类型，根据过去的经验教训，分析危险、有害因素对系统的影响，分析事故的可能类型。③ 针对已确定的危险、有害因素，制定预先危险性分析表。④ 确定危险、有害因素的危害等级，按危害等级排定次序，以便按计划处理。⑤ 制定预防事故发生的安全对策措施。

（六）危险与可操作性分析法（HAZOP）

HAZOP分析是一种用于辨识设计缺陷、工艺过程危害及操作性问题的结构化分析方法，方法的本质就是通过系列的会议对工艺图纸和操作规程进行分析。在这个过程中，由各专业人员组成的分析组按规定的方式系统地研究每一个单元（即分析节点），分析偏离设计工艺条件的偏差所导致的危险和可操作性问题。

HAZOP分析组分析每个工艺单元或操作步骤，识别出哪些具有潜在危险的偏差，这些偏差通过引导词引出，使用引导词的一个目的就是为了保证对所有工艺参数的偏差都进行分析，并分析它们的可能原因、后果和已有安全保护措施等，同时提出应该采取的安全保护措施。

HAZOP研究的侧重点是工艺部分或操作步骤的各种具体值，其基本过程就是以引导词为引导，对过程中工艺状态（参数）可能出现的变化（偏差）加以分析，找出其可能导致的危害。

HAZOP 分析方法明显不同于其他分析方法,它是一个系统工程。HAZOP 分析必须由不同专业组成的分析组来完成。HAZOP 分析的这种群体方式的主要优点在于能相互促进、拓展思路,这也是 HAZOP 分析的核心内容。

1. HAZOP 应用范围　HAZOP 分析既适用于设计阶段,也适用于现有的工艺装置。对现有的生产装置分析时,如能吸收有操作经验和管理经验的人员共同参加,会收到很好的效果。

通过 HAZOP 分析,能够发现装置中存在的危险,根据危险带来的后果明确系统中的主要危害。如果需要,可利用故障树(FTA)对主要危害进行继续分析。因此,这又是确定故障树"顶上事件"的一种方法,可以与故障树配合使用。同时,针对装置存在的主要危险,可以对其进行进一步的定量风险评估,量化装置中主要危险带来的风险,所以,HAZOP 又是定量风险评估中危险辨识的方法之一。

2. HAZOP 主要作用　HAZOP 分析的目的是识别工艺生产或操作过程中存在的危害,识别不可接受的风险状况。其作用主要表现在以下两个方面:

(1) 尽可能将危险消灭在项目实施早期:识别设计、操作程序和设备中的潜在危险,将项目中的危险尽可能消灭在项目实施的早期阶段,节省投资。

HAZOP 的记录,可为企业提供危险分析证明,并应用于项目实施过程。必须记住,HAZOP 只是识别技术,不是解决问题的直接方法。HAZOP 实质上是定性的技术,但是通过采用简单的风险排序,它也可以用于复杂定量分析的领域,当作定量技术的一部分。

在项目的基础设计阶段采用 HAZOP,意味着能够识别基础设计中存在的问题,并能够在详细设计阶段得到纠正。这样做可以节省投资,因为装置建成后的修改比设计阶段的修改昂贵得多。

(2) 为操作指导提供有用的参考资料:HAZOP 分析为企业提供系统危险程度证明,并应用于项目实施过程。对许多操作,HAZOP 分析可提供满足法规要求的安全保障。HAZOP 分析可确定需采取的措施,以消除或降低风险。

HAZOP 能够为包括操作指导在内的文件提供大量有用的参考资料,因此应将 HAZOP 的分析结果全部告知操作人员和安全管理人员。

第二节　安全生产规章制度

依照《安全生产法》规定,生产经营单位应建立、健全安全生产责任制和安全生产规章制度。

一、安全生产规章制度的基本要求及类别

企业安全生产规章制度是企业用于规范全体从业人员及所有经济活动的安全生产标准和规定,它是企业内部安全生产责任制的具体化。企业安全生产规章制度对本公司具有普遍性和强制性,任何人、任何部门都必须遵守。

(一)安全生产规章制度的基本要求

1. 合法性　管理制度符合相关的法律、法规、规章和标准。

2. **可行性** 要广泛吸收国内外安全生产管理的经验,并密切结合自身过去和现在的实际情况,力求使制定的制度具有先进性、科学性、可行性。

3. **完整性** 要包括安全生产的各个方面,形成体系,不出现死角和漏洞;尽可能多地考虑生产经营、安全管理中可能发生的情况,避免发生情况后"无法可依"。对违反制度的各种行为有明确、具体的处罚措施和责任追究办法。

4. **逻辑性** 所引用的依据及适用范围和时间明确,表述规范,条款清晰,能确保相关人员了解和掌握。

5. **告知所有从业人员** 以正式文件发布,并确保其能够约束涉及的单位和人员。规章制度一经公布,就不能随意改动,以保持其严肃性和相对的稳定性,但也要注意总结实践经验,不断地修订完善。

(二)安全生产规章制度的类别

不同企业所建立的安全生产规章制度也不尽相同。应根据企业的特点,制定出具体且操作性强的安全生产规章制度。

企业安全生产规章制度可概括划分为安全管理制度和安全操作规程两大类。前者是各种安全管理制度、章程、规定的总称,后者是各类安全操作规程、标准、规范的总称。

1. **安全生产管理制度** 通常可把企业的安全生产管理制度划分为以下四类:

(1)综合安全管理制度:例如安全生产责任制、安全教育培训、安全检查、安全奖惩、事故隐患检查治理、事故管理、承包合同安全管理、安全值班等规章制度。

(2)安全技术管理制度:例如特种作业管理,危险场所管理,易燃易爆、有毒有害物品安全管理,厂区交通运输管理,防火制度等。

(3)职业健康管理制度:包括有毒有害物品监测、职业病防治、职业中毒、职业卫生设备等管理。

(4)其他有关管理制度:如女工保护制度、劳动保护用品管理制度等。

2. **安全操作规程** 主要包括以下几个方面的规程:

(1)产品生产的工艺规程和安全技术规程。

(2)各生产岗位的安全操作规程。

(3)生产设备、装置的安全检修规程。

(4)各工种的安全操作规程,如焊工、电工等安全操作规程。

二、安全生产基本规章制度

不同行业不同企业所需要的安全生产规章制度不尽相同。一般来说,企业安全生产规章制度包括以下几个方面:

1. 安全生产例会等安全生产会议制度。

2. 安全生产检查制度。

3. 安全生产教育和培训制度。

4. 劳动防护用品配备和管理制度。

5. 安全生产奖励和惩罚制度。

6. 安全生产事故报告和处理制度。

7. 具有较大危险因素的生产经营场所、设备和设施的安全管理制度。

8. 危险作业管理制度。

9. 危险物品安全管理制度。

10. 隐患检查治理和建档监控制度。

11. 领导干部和管理人员现场带班制度。

12. 安全生产责任考核制度。

13. 作业场所职工安全卫生健康管理制度。

14. 重大危险源管理制度。

15. 其他保证安全生产的规章制度。

此外，根据本企业特点，分专业、分工艺制定各岗位安全操作规程。

第三节　安全生产培训

一、生产经营单位安全培训职责

（一）有关人员的安全培训职责

1. 生产经营单位的主要负责人组织制定并实施本单位安全生产教育和培训计划。

2. 生产经营单位的安全生产管理人员组织或者参与本单位安全生产教育和培训，如实记录安全生产教育和培训情况。

3. 从业人员应当接受安全生产教育和培训，掌握本职工作所需的安全生产知识，提高安全生产技能，增强事故预防和应急处理能力。

4. 生产经营单位的主要负责人和安全生产管理人员必须具备与本单位所从事的生产经营活动相应的安全生产知识和管理能力。

（二）生产经营单位安全培训责任

1. 生产经营单位应当对从业人员进行安全生产教育和培训，保证从业人员具备必要的安全生产知识，熟悉有关的安全生产规章制度和安全操作规程，掌握本岗位的安全操作技能，了解事故应急处理措施，知悉自身在安全生产方面的权利和义务。未经安全生产教育和培训合格的从业人员，不得上岗作业。

2. 生产经营单位使用被派遣劳动者的，应当将被派遣劳动者纳入本单位从业人员统一管理，对被派遣劳动者进行岗位安全操作规程和安全操作技能的教育和培训。劳务派遣单位应当对被派遣劳动者进行必要的安全生产教育和培训。

3. 生产经营单位接收中等职业学校、高等学校学生实习的，应当对实习学生进行相应的安全生产教育和培训，提供必要的劳动防护用品。学校应当协助生产经营单位对实习学生进行安全生产教育和培训。

4. 生产经营单位应当建立安全生产教育和培训档案,如实记录安全生产教育和培训的时间、内容、参加人员以及考核结果等情况。

5. 生产经营单位的特种作业人员必须按照国家有关规定经专门的安全作业培训,取得相应资格,方可上岗作业。

6. 生产经营单位采用新工艺、新技术、新材料或者使用新设备,必须了解、掌握其安全技术特性,采取有效的安全防护措施,并对从业人员进行专门的安全生产教育和培训。

7. 生产经营单位应当安排用于配备劳动防护用品、进行安全生产培训的经费。

8. 危险物品的生产、经营、储存单位以及矿山、金属冶炼、建筑施工、道路运输单位的主要负责人和安全生产管理人员,应当由主管的负有安全生产监督管理职责的部门对其安全生产知识和管理能力考核合格。

二、一般行业生产经营单位主要负责人培训要求和培训内容

一般行业生产经营单位是指除煤矿、非煤矿山、金属冶炼、建筑施工、道路运输、城市轨道交通运营单位和危险物品的生产、经营、储存以外的其他生产经营单位。

从事一般行业生产经营单位的主要负责人是本单位安全生产第一责任人。具体包括有限责任公司或股份公司董事长、总经理(含实际控制人),以及有法人资格的子公司及二级单位的经理、厂长等。

(一)一般行业生产经营单位主要负责人培训要求

1. 安全培训内容必须包括相关的法律、法规、规章和标准,以及安全管理、安全技术等知识。

2. 培训应坚持理论与实际相结合,采用多种有效的培训方式,加强案例教学;注重职业道德、安全法律意识、安全技术理论和安全生产管理能力的综合培养。

3. 培训应选用国家批准的出版社出版的教材,也可使用本行业的有关教材。

4. 培训应安排讲课、复习等环节。授课内容及课时安排应符合国家和省制定的培训大纲要求。

5. 培训应尽可能按照电力、冶金、有色、建材、机械、轻工(造纸、酿酒等)、纺织、烟草、商贸及其他行业等分类组织实施。组织实施安全生产培训的内容、课程及课时设置应考虑不同行业的安全特点,确保培训的实用性和针对性。

(二)一般行业生产经营单位主要负责人培训内容

1. 安全生产法律法规及行政文件要求　安全生产法律法规及行政文件要求应包括(但不限于)下列内容:

(1)我国安全生产方针、政策、形势及其发展历程。

(2)法律基础知识及法律法规体系。应培训的法律法规至少应包括:《安全生产法》《职业病防治法》《消防法》《工伤保险条例》及其他相关法律、法规。

(3)相关安全生产行政文件要求。应根据安全生产监管形势的需要,对政府及其安全生产监管部门下发的行政文件要求适时培训。

2. 安全管理　安全管理培训包括(但不限于)下列内容:

(1) 安全生产责任制与安全管理规章制度:明确生产经营单位是安全生产的责任主体,其主要负责人是安全第一责任人,熟悉安全生产法律法规对安全生产责任制、安全管理规章制度及安全操作规程的具体要求。

(2) 现场安全管理及标准化建设:掌握不同行业生产经营单位的现场管理要求及相关行业(如冶金、机械、轻工等)的安全标准化建设要求。

(3) 现代安全管理理论与实践:掌握现代安全管理理论及建设实践要求,树立先进的安全管理理念,建立符合现代企业发展的安全管理模式和管理机制,不断提高企业安全管理水平。

(4) 危险源(含重大危险源)辨识与风险控制:熟悉危险源的定义与分类、识别方法、风险分析方法及风险控制措施制定要求。掌握法律法规及标准对重大危险源的监管要求。

(5) 事故致因理论与事故预防原理:掌握事故致因理论与事故预防原理,熟悉事故原因分析的方法及预防措施的制定原则及要求,熟悉安全本质基础理论及实践。

(6) 事故应急及救援预案:熟悉事故应急救援体系的建设要求及应急救援预案的管理要求,掌握应急救援预案的编制、培训、演练及评审要求。

(7) 职业健康安全管理体系:了解职业健康安全管理体系标准及实施标准对企业安全管理的促进作用,熟悉标准定义、要素及建立标准体系的步骤和方法。

(8) 企业安全文化:了解企业安全文化的基础知识和建设企业安全文化的重要意义,基础知识应包括安全文化的定义、安全文化的构成、建设安全文化的步骤及方法等。

(9) 生产安全事故处理

① 生产安全事故报告要求:熟悉事故的定义及分类,事故报告的时限及事故报告的内容。

② 生产安全事故的调查与分析:熟悉事故调查步骤及要求,直接与间接事故原因的分析方法,以及预防措施的制定与实施规定。

③ 生产安全事故的处理:熟悉发生事故后应承担的法律法规责任、事故处理原则以及事故档案的建设要求。

(10) 劳动防护及用品的监督管理:熟悉法律法规提出的对从业人员劳动保护的要求,掌握劳动防护用品的管理规定。

(11) 从业人员的职业健康:熟悉法律法规对从业人员职业健康防护的相关规定,掌握职业危害因素的种类、申报、监测及有关职业病的法规要求。

(12) 典型事故案例分析:熟悉与本行业相关的典型事故案例,通过案例分析,吸取教训,改善本企业的事故防范措施。

(13) 其他需要培训的内容。

3. 安全生产技术知识　不同的行业类别(如电力、冶金、有色、建材、机械、轻工、纺织、烟草、商贸及其他行业等)在实施安全技术知识培训时,应结合相应行业的安全生产特点进行。

生产经营单位主要负责人和安全生产管理人员应了解和掌握相应的安全生产技术知识,如:机械安全技术、电气安全技术、金属焊接安全技术、防火防爆安全技术、企业内运输安全、压力容器(锅炉)安全技术、劳动防护用品使用技术、职业健康防护技术、事故应急技能及现场急救技术等。

4. 安全再培训 安全再培训包括(但不限于)下列内容:

(1) 新颁布的有关安全生产的法律、法规。

(2) 有关安全生产工作的新要求。

(3) 有关安全生产的新技术、新设备、新措施、新方法。

(4) 有关安全生产管理技术经验交流、参观学习和典型事故案例分析。

(5) 先进的安全管理经验。

三、一般行业生产经营单位从业人员培训要求和培训内容

一般行业生产经营单位从业人员是指一般行业生产经营单位除主要负责人、安全生产管理人员和特种作业人员以外,本单位从事生产经营活动的所有人员,包括其他负责人、其他管理人员、技术人员和各岗位的工人以及临时聘用的人员、劳务派遣工、实习生、外来施工人员等。

(一)一般行业生产经营单位从业人员培训要求

1. 安全培训内容必须包括相关的法律、法规、规章和标准,以及安全管理、安全技术等知识。

2. 培训应坚持理论与实际相结合,采用多种有效的培训方式,加强案例教学;注重职业道德、安全法律意识、安全技术理论和安全生产管理能力的综合培养。

3. 培训应选用国家批准的出版社出版的教材,也可使用本行业的有关教材。

4. 培训应安排讲课、复习等环节,授课内容及课时安排应符合大纲要求。

5. 培训应尽可能按照电力、冶金、有色、建材、机械、轻工(造纸、酿酒等)、纺织、烟草、商贸及其他行业等分类组织实施。组织实施安全生产培训的内容、课程及课时设置应考虑不同行业的安全特点,确保培训的实用性和针对性。

(二)一般行业生产经营单位从业人员培训内容

1. 安全生产法律法规及行政文件要求 安全生产法律法规及行政文件要求应包括(但不限于)下列内容:

(1) 我国安全生产方针、政策、形势及其发展历程。

(2) 法律基础知识及法律法规体系。应培训的法律法规至少应包括:《安全生产法》《职业病防治法》《消防法》《工伤保险条例》及其他相关法律、法规。

(3) 相关安全生产行政文件要求。应根据安全生产监管形势的需要,对政府及其安全生产监管部门下发的行政文件要求适时培训。

2. 安全管理 安全管理培训包括(但不限于)下列内容:

(1) 安全生产责任制与安全管理规章制度:明确生产经营单位是安全生产的责任主体,其主要负责人是安全第一责任人,熟悉安全生产法律法规对安全生产责任制、安全管理规章制度及安全操作规程的具体要求。

(2) 现场安全管理及标准化建设:掌握不同行业生产经营单位的现场管理要求及相关行业

(如冶金、机械、轻工等)的安全标准化建设要求,熟悉现场 6S 管理法。

(3) 现代安全管理理论与实践:掌握现代安全管理理论及建设实践要求,树立先进的安全管理理念,建立符合现代企业发展的安全管理模式和管理机制,不断提高企业安全管理水平。

(4) 危险源(含重大危险源)辨识与风险控制:熟悉危险源的定义与分类、识别方法、风险分析方法及风险控制措施制定要求。掌握法律法规及标准对重大危险源的监管要求。

(5) 事故致因理论与事故预防原理:掌握事故致因理论与事故预防原理,熟悉事故原因分析的方法及预防措施的制定原则及要求,熟悉安全本质基础理论及实践。

(6) 事故应急及救援预案:熟悉事故应急救援体系的建设要求及应急救援预案的管理要求,掌握应急救援预案的编制、培训、演练及评审要求。

(7) 职业健康安全管理体系:了解职业健康安全管理体系标准及实施标准对企业安全管理的促进作用,熟悉标准定义、要素及建立标准体系的步骤和方法。

(8) 企业安全文化:了解企业安全文化的基础知识和建设企业安全文化的重要意义,基础知识应包括安全文化的定义、安全文化的构成、建设安全文化的步骤及方法等。

(9) 生产安全事故处理

① 生产安全事故报告要求:熟悉事故的定义及分类,事故报告的时限及事故报告的内容。

② 生产安全事故的调查与分析:熟悉事故调查步骤及要求,直接与间接事故原因的分析方法,以及预防措施的制定与实施规定。

③ 生产安全事故的处理:熟悉发生事故后应承担的法律法规责任、事故处理原则以及事故档案的建设要求。

(10) 劳动防护及用品的监督管理:熟悉法律法规提出的对从业人员劳动保护的要求,掌握劳动防护用品的管理规定。

(11) 从业人员的职业健康:熟悉法律法规对从业人员职业健康防护的相关规定,掌握职业危害因素的种类、申报、监测及有关职业病的法规要求。

(12) 典型事故案例分析:熟悉与本行业相关的典型事故案例,通过案例分析,吸取教训,改善本企业的事故防范措施。

(13) 其他需要培训的内容。

3. 安全生产技术知识 不同的行业类别(如电力、冶金、有色、建材、机械、轻工、纺织、烟草、商贸及其他行业等)在实施安全技术知识培训时,应结合相应行业的安全生产特点进行。

生产经营单位主要负责人和安全生产管理人员应了解和掌握相应的安全生产技术知识,如:机械安全技术、电气安全技术、金属焊接安全技术、防火防爆安全技术、企业内运输安全、压力容器(锅炉)安全技术、劳动防护用品使用技术、职业健康防护技术、事故应急技能及现场急救技术等。

4. 安全再培训 安全再培训包括(但不限于)下列内容:

(1) 新颁布的有关安全生产的法律、法规。

(2) 有关安全生产工作的新要求。

(3) 有关安全生产的新技术、新设备、新措施、新方法。

（4）有关安全生产管理技术经验交流、参观学习和典型事故案例分析。

（5）先进的安全管理经验。

四、学时安排

1. 一般行业生产经营单位的主要负责人和安全生产管理人员初次安全培训时间不得少于32学时。

2. 每年再培训时间不少于12学时。

3. 一般行业生产经营单位主要负责人和安全管理人员安全培训学时安排应符合表4-5的规定。

4. 一般行业的从业人员新上岗人员，岗前培训不得少于24个学时。

表4-5 培训学时安排表

项目		培训内容	学时	合计
安全培训	法律法规及行政文件要求	安全生产形势、安全生产方针、政策及其发展历程；法律法规体系及基础知识	4	10
		主要法规如：《安全生产法》《职业病防治法》《消防法》《生产安全事故报告及调查处理条例》及其他法律法规与政策要求	6	
	安全生产管理知识	安全生产责任制、规章制度 现场安全管理与安全标准化知识	4	14
		现代安全管理理论及实践 危险源辨识及风险控制	4	
		事故致因理论与事故预防原理 事故报告、调查与处理	2	
		职业健康安全管理体系与企业安全文化	2	
		典型事故案例分析	2	
	安全生产技术知识	电气安全技术、机械安全技术、特种设备安全技术等	8	8
合计			32	
再培训		新颁布的安全法律法规及新要求 有关安全生产技术的新设备、新措施、新方法 有关安全生产管理技术经验交流、参观学习 典型事故案例分析 先进安全管理经验等	12	12

第四节　安全生产检查

一、生产经营单位安全生产检查职责

1. 生产经营单位的主要负责人应督促、检查本单位的安全生产工作,及时消除生产安全事故隐患。生产经营单位的主要负责人每季度至少组织一次安全生产全面检查,研究分析安全生产存在的问题。

2. 生产经营单位的安全生产管理机构以及安全生产管理人员应检查本单位的安全生产状况,及时检查生产安全事故隐患,提出改进安全生产管理的建议。

安全生产管理人员应组织安全生产日常检查、岗位检查和专业性检查,并每月至少组织一次安全生产全面检查。

安全生产管理人员应当根据本单位的生产经营特点,对安全生产状况进行经常性检查;对检查中发现的安全问题,应当立即处理;不能处理的,应当及时报告本单位有关负责人,有关负责人应当及时处理。检查及处理情况应当如实记录在案。

生产经营单位的安全生产管理人员在检查中发现重大事故隐患,依照前款规定向本单位有关负责人报告,有关负责人不及时处理的,安全生产管理人员可以向主管的负有安全生产监督管理职责的部门报告,接到报告的部门应当依法及时处理。

3. 两个以上生产经营单位在同一作业区域内进行生产经营活动,可能危及对方生产安全的,应当签订安全生产管理协议,明确各自的安全生产管理职责和应当采取的安全措施,并指定专职安全生产管理人员进行安全检查与协调。

4. 生产经营单位将生产经营项目、场所发包或者出租给其他单位的,生产经营单位对承包单位、承租单位的安全生产工作统一协调、管理,定期进行安全检查,发现安全问题的,应当及时督促整改。

二、安全生产检查的目的

安全生产检查的目的是查找生产过程及安全管理中可能存在的隐患、有害与危险因素,以便制定整改措施,消除隐患和有害与危险因素,防止事故发生,确保生产安全。

三、安全生产检查的方式

企业应根据安全生产法律法规和安全风险管控情况,按照安全管理的要求,结合生产工艺特点,针对可能发生安全事故的风险点,开展安全风险隐患检查工作,做到安全风险隐患检查全覆盖、责任到人。

安全检查方式包括日常检查、综合性检查、专业性检查、季节性检查、重点时段及节假日前检查、事故类比检查、复产复工前检查、外聘专家诊断式检查和定期安全检查等。

1. 日常检查　是指基层单位班组、岗位员工的交接班检查和班中巡回检查,以及基层单位

(厂)管理人员和各专业技术人员的日常性检查;日常检查要加强对关键装置、重点部位、重大危险源的检查和巡查。

2. 综合性检查 是指以安全生产责任制、各项专业管理制度、安全生产管理制度落实情况为重点,各有关专业和部门共同参与的全面检查。

3. 专项安全检查 是由生产经营单位对某个专项问题或存在的普遍性安全问题进行的单项定性检查,包括工艺、设备、电气、仪表、储运、消防和公用工程等专业对生产各系统进行的检查,如防火安全检查、防毒气泄漏安全检查、电气安全检查等。专项检查具有较强的针对性和专业要求,用于检查难度较大的项目。

4. 季节性检查 是指根据各季节特点开展的专项检查,主要包括:春季以防雷、防静电、防解冻泄漏、防解冻坍塌为重点;夏季以防雷暴、防设备容器超温超压、防台风、防洪、防暑降温为重点;秋季以防雷暴、防火、防静电、防凝保温为重点;冬季以防火、防爆、防雪、防冻、防凝、防滑、防静电为重点。

5. 重点时段及节假日前检查 是指在重大活动、重点时段 和节假日前,对装置生产是否存在异常状况和事故隐患、备用设备状态、备品备件、生产及应急物资储备、安全保卫、应急、消防等方面进行的检查,特别是要对节假日期间领导干部带班值班、机电仪保运及紧急抢修力量安排、备件及各类物资储备和应急工作进行重点检查。

6. 事故类比检查 是指对企业内或同类企业发生安全事故后举一反三的安全检查。

7. 复产复工前检查,是指节假日、设备大检修、生产原因等停产较长时间,在重新恢复生产前,需要进行人员培训,对生产工艺、设备设施等进行综合性隐患检查。

8. 外聘专家检查 是指聘请外部专家对企业进行的安全检查。

9. 定期安全检查 是指通过有计划、有组织、有目的的形式来实现的。企业可以根据实际情况具体制定检查频次。定期检查的面广,有深度,能及时发现并解决问题。

四、安全生产检查的方法

安全生产检查的方法有许多种,下面介绍常用的几种安全生产检查的方法:

(一)常规检查法

常规检查通常是由安全管理人员作为检查工作的主体,到作业场所的现场,通过感观或辅助一定的简单工具、仪表等,对作业人员的行为、作业场所的环境条件、生产设备设施等进行的定性检查。这种方法主要依靠安全检查人员的经验和能力,检查的结果直接受安全检查人员专业素质的影响。

(二)安全检查表法

安全检查表是事先把系统加以剖析,列出不安全因素,确定检查项目,并把检查项目按顺序编制成表,以便进行检查,因此称为安全检查表。

安全检查表应列出所有可能会导致事故的不安全因素。每个检查表均需注明检查时间、检查人员、直接负责人等。安全检查表的设计应做到系统、全面,检查项目应具体明确。

编制安全检查表的主要依据:

1. 有关法律法规、标准、规程及规定。

2. 国内外事故案例及本单位在安全管理中的有关经验。

3. 通过系统分析确定的危险部位及防范措施。

4. 新知识、新成果、新方法、新技术。

（三）仪器检查法

机器、设备内部的缺陷及作业环境条件的真实信息或定量数据，需要通过仪器检查法来进行定量化的检验与测量。因此，必要时需要使用仪器检查。由于被检查的对象不同，检查所用的仪器和手段也不同。

五、安全生产检查的工作程序

安全生产检查的工作程序一般包括准备、实施、分析、处置四个步骤。

（一）安全检查准备

安全检查准备的内容包括：

1. 确定检查对象、目的、任务。

2. 查阅、掌握有关法规、标准、规程等的要求。

3. 了解检查对象的工艺流程、生产情况、可能发生危险危害的情况。

4. 制定检查计划，安排检查内容、方法、步骤。

5. 编写安全检查表或检查提纲。

6. 准备必要的检测工具、仪器、书写表格或记录本。

7. 挑选和训练检查人员，并进行必要的分工等。

（二）实施安全检查

实施安全检查就是通过应用上述检查方法开展安全检查。

（三）分析

对检查获取的各种信息进行分析、判断和检验，从而得出正确的检查结论。

（四）处置

根据检查结论，采取针对性的措施。同时要注意复查整改措施落实情况，获得整改效果的信息，以实现安全检查工作的效果。

六、安全检查的主要内容

（一）通过有关安全生产行政审批或许可的情况

如果生产经营单位生产经营的产品、实施的项目等需要通过有关安全生产行政审批或许可，则需要检查获得审批或许可的情况。

（二）有关人员的安全生产教育和培训、考核情况

1. 对从业人员进行安全生产教育和培训，向从业人员如实告知作业场所和工作岗位存在的危险因素、防范措施以及事故应急措施的情况。

保证从业人员具备必要的安全生产知识,熟悉有关的安全生产规章制度和安全操作规程,掌握本岗位的安全操作技能,了解事故应急处理措施,知悉自身在安全生产方面的权利和义务。

2. 使用被派遣劳动者的,应当对被派遣劳动者进行岗位安全操作规程和安全操作技能的教育和培训。

劳务派遣单位应当对被派遣劳动者进行必要的安全生产教育和培训。

3. 采用新工艺、新技术、新材料或者使用新设备,必须了解、掌握其安全技术特性,采取有效的安全防护措施,并对从业人员进行专门的安全生产教育和培训。

4. 依法对实习学生进行安全生产教育和培训。

5. 特种作业人员必须按照国家有关规定经专门的安全作业培训,取得相应资格,方可上岗作业。

6. 建立安全生产教育和培训档案,如实记录安全生产教育和培训的时间、内容、参加人员以及考核结果等情况。

(三)设置安全生产管理机构和配备安全生产管理人员的情况

一般生产经营单位从业人员超过一百人的,应当设置安全生产管理机构或者配备专职安全生产管理人员;从业人员在一百人以下的,应当配备专职或者兼职的安全生产管理人员。

(四)建立和落实安全生产责任制、安全生产规章制度和操作规程、作业规程的情况

教育和督促从业人员严格执行本单位的安全生产规章制度和安全操作规程,并向从业人员如实告知作业场所和工作岗位存在的危险因素、防范措施以及事故应急措施的情况。

安全生产责任制要明确从主要负责人到一线从业人员(含劳务派遣人员、实习学生等)的安全生产责任、责任范围和考核标准。安全生产责任制应覆盖本企业所有组织和岗位,其责任内容、范围、考核标准要简明扼要、清晰明确、便于操作、适时更新。

企业要在适当位置对全员安全生产责任制进行长期公示。公示的内容主要包括:所有层级及所有岗位的安全生产责任、安全生产责任范围、安全生产责任考核标准等。

(五)按照国家规定提取和使用安全生产费用,安排用于配备劳动防护用品、进行安全生产教育和培训的经费,以及其他安全生产投入的情况

(六)安全设施设备及其维护、保养、定期检测的情况

1. 安全设备进行经常性维护、保养,并定期检测,保证正常运转。维护、保养、检测应当做好记录,并由有关人员签字。

2. 安全设备的设计、制造、安装、使用、检测、维修、改造和报废,应当符合国家标准或者行业标准。

(七)重大危险源登记建档、定期检测、评估、监控和制定应急预案的情况

1. 生产经营单位对重大危险源应当登记建档,进行定期检测、评估、监控,并制定应急预案,告知从业人员和相关人员在紧急情况下应当采取的应急措施。

2. 生产经营单位应当按照国家有关规定将本单位重大危险源及有关安全措施、应急措施报有关地方人民政府应急管理部门和有关部门备案。

3. 生产经营单位应当建立健全重大危险源安全监测监控系统,并与负有安全生产监督管理职责的部门监控设备联网。生产经营单位应当对安全监测监控系统进行经常性维护,保证系统正常运行。

（八）为从业人员提供符合国家标准或者行业标准的劳动防护用品,并监督、教育从业人员按照使用规则正确佩戴和使用的情况

劳动防护用品,是指由用人单位为劳动者配备的使其在劳动过程中免遭或者减轻事故伤害及职业病危害的个体防护装备。

1. 健全管理制度,加强劳动防护用品配备、发放、使用等管理工作。

2. 安排专项经费用于配备劳动防护用品,不得以货币或者其他物品替代。

3. 使用的劳务派遣工、接纳的实习学生应当纳入本单位人员统一管理,并配备相应的劳动防护用品。

（九）作业许可和承包商管理情况

1. 在同一作业区域内进行生产经营活动,可能危及对方生产安全的,与对方签订安全生产管理协议,明确各自的安全生产管理职责和应当采取的安全措施,并指定专职安全生产管理人员进行安全检查与协调。

2. 对承包单位、承租单位的安全生产工作实行统一协调、管理,定期进行安全检查,督促整改安全问题。

3. 生产经营单位不得将生产经营项目、场所、设备发包或者出租给不具备安全生产条件或者相应资质的单位或者个人。

4. 生产经营项目、场所发包或者出租给其他单位的,生产经营单位应当与承包单位、承租单位签订专门的安全生产管理协议,或者在承包合同、租赁合同中约定各自的安全生产管理职责;生产经营单位对承包单位、承租单位的安全生产工作统一协调、管理,定期进行安全检查,发现安全问题的,应当及时督促整改。

（十）风险辨识和事故隐患排查治理情况

1. 生产经营单位应当建立健全生产安全事故隐患排查治理制度,采取技术、管理措施,及时发现并消除事故隐患。事故隐患排查治理情况应当如实记录,并向从业人员通报。

2. 对检查中发现的事故隐患,应当责令立即排除;重大事故隐患排除前或者排除过程中无法保证安全的,应当责令从危险区域内撤出作业人员,责令暂时停产停业或者停止使用相关设施、设备;重大事故隐患排除后,经审查同意,方可恢复生产经营和使用。

（十一）新建、改建、扩建工程项目的安全设施与主体工程同时设计、同时施工、同时投入生产和使用,以及按规定办理设计审查和竣工验收的情况

（十二）应急管理情况

1. 制定、实施生产安全事故应急预案,定期组织应急预案演练,以及有关应急预案备案的情况。

2. 建立应急救援组织或者兼职救援队伍、签订应急救援协议,以及应急救援器材、设备和物资的配备、维护、保养的情况。

(十三) 安全距离

1. 生产、经营、储存、使用危险物品的车间、商店、仓库不得与员工宿舍在同一座建筑物内，并应当与员工宿舍保持安全距离。

2. 生产经营场所和员工宿舍应当设有符合紧急疏散要求、标志明显、保持畅通的出口。

禁止锁闭、封堵生产经营场所或者员工宿舍的出口。

3. 生产经营单位的生产区域、生活区域、储存区域之间的安全距离以及周边防护安全距离，应当符合国家标准或者行业标准。

4. 危险化学品、放射性物品、烟花爆竹、民用爆炸物品等危险物品的生产区域、储存区域的安全距离内和矿山、尾矿库危及区域内，不得建设居民区(楼)、学校、医院、集贸市场及其他人员密集场所。

5. 高压输电线、油气输送管道、重大危险源的安全距离内，不得新建、改建、扩建建筑物和构筑物。

(十四) 按照规定报告生产安全事故的情况

1. 生产经营单位发生生产安全事故后，事故现场有关人员应当立即报告本单位负责人。

单位负责人接到事故报告后，应当迅速采取有效措施，组织抢救，防止事故扩大，减少人员伤亡和财产损失，并按照国家有关规定立即如实报告当地负有安全生产监督管理职责的部门，不得隐瞒不报、谎报或者迟报，不得故意破坏事故现场、毁灭有关证据。

2. 单位负责人接到报告后，应当于 1 小时内向事故发生地县级以上人民政府应急管理部门和负有安全生产监督管理职责的有关部门报告。

情况紧急时，事故现场有关人员可以直接向事故发生地县级以上人民政府应急管理部门和负有安全生产监督管理职责的有关部门报告。

3. 事故报告后出现新情况的，应当及时补报。

自事故发生之日起 30 日内，事故造成的伤亡人数发生变化的，应当及时补报。道路交通事故、火灾事故自发生之日起 7 日内，事故造成的伤亡人数发生变化的，应当及时补报。

第五章　安全风险管控与事故隐患排查治理

第一节　安全风险管控

安全风险管理就是指通过识别生产经营活动中存在的危险、有害因素,并运用定性或定量的统计分析方法确定其风险严重程度,进而确定风险控制的优先顺序和风险控制措施,以达到改善安全生产环境、减少和杜绝安全生产事故的目标而采取的措施和规定。

一、风险辨识

生产经营单位风险辨识主要包括两个方面,即辨识危险源和排查事故隐患。

（一）危险源辨识

1. 危险源　危险源是指可能导致人身伤害或健康损害的根源、状态或行为,或其组合。

2. 重大危险源　重大危险源,是指长期地或者临时地生产、搬运、使用或者储存危险物品,且危险物品的数量等于或者超过临界量的单元(包括场所和设施)。

危险化学品重大危险源,是指按照《危险化学品重大危险源辨识》标准辨识确定,生产、储存、使用或者搬运危险化学品的数量等于或者超过临界量的单元(包括场所和设施)。

3. 危险源分类　根据危险源在事故本身发展中的作用可分为两类。

第一类危险源:产生能量的能量源或拥有能量的能量载体(如:有毒物、易燃物等;锅炉、压力容器等)。

第二类危险源:导致约束、限制能量措施失效破坏的各种不安全因素,主要指人的不安全行为、物的不安全状态(如:操作失误等;防护不当等)。

4. 危险源辨识要考虑三种时态和三种状态

（1）三种时态

过去:已发生过事故的危险、有害因素。

现在:作业活动或设备等现在的危险、有害因素。

将来:作业活动发生变化及设备改进、报废、新购活动后将会产生的危险、有害因素。

（2）三种状态

正常:作业活动或设备等按其工作任务连续长时间进行工作的状态。

异常:作业活动或设备等周期性或临时性进行工作的状态,如设备的开启、停止、检修等状态。

紧急情况：发生火灾、水灾、停电事故等状态。

（二）事故隐患排查

事故隐患是指在生产经营活动中存在可能导致事故发生的物的危险（不安全）状态、人的不安全行为和管理上的缺陷。

1. 人的不安全行为

（1）操作错误，忽视安全，忽视警告

① 未经许可开动、关停、移动机器；

② 开动、关停机器时未给信号；

③ 开关未锁紧，造成意外转动、通电或泄漏等；

④ 忘记关闭设备；

⑤ 忽视警告标志、警告信号；

⑥ 操作错误（指按钮、阀门、扳手、把柄等的操作）；

⑦ 奔跑作业；

⑧ 供料或送料速度过快；

⑨ 机械超速运转；

⑩ 违章驾驶机动车；

⑪ 酒后作业；

⑫ 客货混载；

⑬ 冲压机作业时，手伸进冲压模；

⑭ 工件紧固不牢；

⑮ 用压缩空气吹铁屑；

⑯ 其他。

（2）造成安全装置失效

① 拆除了安全装置；

② 安全装置堵塞，失掉作用；

③ 调整错误造成安全装置失效；

④ 其他。

（3）使用不安全设备

① 临时使用不牢固的设施；

② 使用无安全装置的设备；

③ 其他。

（4）手代替工具操作

① 用手代替手动工具；

② 用手清除切屑；

③ 不用夹具固定、用手拿工件进行机加工。

（5）物体（指成品、半成品、材料、工具、切屑和生产用品等）存放不当。

（6）冒险进入危险场所

① 冒险进入涵洞；

② 接近漏料处（无安全设施）；

③ 采伐、集材、运材、装车时，未离危险区；

④ 未经安全监察人员允许进入油罐或井中；

⑤ 未"敲帮问顶"开始作业；

⑥ 冒进信号；

⑦ 调车场超速上下车；

⑧ 易燃易爆场合出现明火；

⑨ 私自搭乘矿车；

⑩ 在绞车道行走；

⑪ 未及时观望。

（7）攀、坐不安全位置（如窗台护栏、汽车挡板、吊车吊钩）。

（8）在起吊物下作业、停留。

（9）机器运转时加油、修理、检查、调整、焊扫、清扫等作业。

（10）有分散注意力行为。

（11）在必须使用个人防护用品用具的作业或场合中，忽视其使用

① 未戴护目镜或面罩；

② 未戴防护手套；

③ 未穿安全鞋；

④ 未戴安全帽；

⑤ 未佩戴呼吸护具；

⑥ 未佩戴安全带；

⑦ 未戴工作帽；

⑧ 其他。

（12）不安全装束

① 在有旋转零部件的设备旁作业穿过肥大服装；

② 操纵带有旋转零部件的设备时戴手套；

③ 其他。

（13）对易燃、易爆等危险物品处理错误。

2. 物的不安全状态

（1）防护、保险、信号等装置缺乏或有缺陷

① 无防护：包括无防护罩、无安全保险装置、无报警装置、无安全标志、无护栏或护栏损坏、（电气）未接地、绝缘不良、局扇无消音系统和噪声大、危房内作业、未安装防止"跑车"的挡车器或挡车栏等。

② 防护不当：包括防护罩未在适当位置、防护装置调整不当、坑道掘进、隧道开凿支撑不当、防爆装置不当、采仗、集材作业安全距离不够、放炮作业隐蔽所有缺陷、电气装置带电部分裸

露等。

（2）设备、设施、工具、附件有缺陷

① 设计不当,结构不合安全要求:包括通道门遮挡视线、制动装置有缺欠、安全间距不够、拦车网有缺欠、工件有锋利毛刺和毛边、设施上有锋利倒棱等。

② 强度不够:包括机械强度不够、绝缘强度不够、起吊重物的绳索不合安全要求等。

③ 设备在非正常状态下运行:包括设备带"病"运转、超负荷运转等。

④ 维修、调整不良:包括设备失修、地面不平、保养不当、设备失灵等。

（3）个人防护用品用具:包括防护服、手套、护目镜及面罩、呼吸器官护具、听力护具、安全带、安全帽、安全鞋等缺少或有缺陷。

① 无个人防护用品、用具。

② 所用的防护用品、用具不符合安全要求。

（4）生产（施工）场地环境不良

① 照明光线不良。

② 通风不良。

③ 作业场所狭窄。

④ 作业场地杂乱。包括:工具、制品、材料堆放不安全;采伐时,未开"安全道";迎门树、坐殿树、搭挂树未作处理等。

⑤ 交通线路的配置不安全。

⑥ 操作工序设计或配置不安全。

⑦ 地面滑,包括:地面有油或其他液体;冰雪覆盖;地面有其他易滑物。

⑧ 储存方法不安全。

⑨ 环境温度、湿度不当。

3. 安全管理上的缺陷

（1）安全生产管理组织机构不健全。

（2）安全生产责任制不落实。

（3）安全生产管理规章制度不完善。

（4）建设项目"三同时"制度不落实。

（5）操作规程不规范。

（6）事故应急预案及响应缺陷。

（7）培训制度不完善。

（8）安全生产投入不足。

（9）职业健康管理不完善。

（10）其他管理因素缺陷。

二、风险辨识的方法

风险辨识和评价的方法很多,各企业应根据各自的实际情况选择使用。以下是常用的几种方法:安全检查表分析法（SCL）、作业条件危险性分析法（LEC）、工作危害分析法（JHA）、故障树分析法、预先危险性分析法、故障类型和影响分析法(FMEA)、HAZOP 技术等方法或多种方法组合。

1. 安全检查表分析法(SCL)(内容详见第四章)。

2. 作业条件危险性分析法(LEC)(内容详见第四章)。

3. 工作危害分析法(JHA)　工作危害分析法是目前欧美企业在安全管理中使用最普遍的一种作业安全分析与控制的管理工具,是为了识别和控制操作危害的预防性工作流程。

工作危害分析法主要用来进行设备设施安全隐患、作业场所安全隐患、员工不安全行为等的有效识别。工作危害分析法从作业活动清单中选定一项作业活动,将作业活动分解为若干相连的工作步骤,识别每个工作步骤的潜在危害因素,然后通过风险评价,判定风险等级,制定控制措施。

举例:识别各步骤潜在危害时,可以按下述问题提示清单提问。

① 身体某一部位是否可能卡在物体之间?

② 工具、机器或装备是否存在危害因素?

③ 从业人员是否可能接触有害物质?

④ 从业人员是否可能滑倒、绊倒或摔落?

⑤ 从业人员是否可能因推、举、拉、用力过度而扭伤?

⑥ 从业人员是否可能暴露于极热或极冷的环境中?

⑦ 是否存在过度的噪音或震动?

⑧ 是否存在物体坠落的危害因素?

⑨ 是否存在照明问题?

⑩ 天气状况是否可能对安全造成影响?

⑪ 存在产生有害辐射的可能吗?

⑫ 是否可能接触灼热物质、有毒物质或腐蚀物质?

⑬ 空气中是否存在粉尘、烟、雾、蒸汽?

以上仅为举例,在实际工作中根据实际情况提出相关联的问题远不止这些。

4. 故障树分析法　故障树分析又称事故树分析,是安全系统工程中最重要的分析方法。故障树分析从一个可能的事故开始,自上而下、一层层的寻找顶事件的直接原因和间接原因事件,直到基本原因事件,并用逻辑图把这些事件之间的逻辑关系表达出来。特点是直观、明了,思路清晰,逻辑性强,可以做定性分析,也可以做定量分析。故障树分析法体现了以系统工程方法研究安全问题的系统性、准确性和预测性,它是安全系统工程的主要分析方法之一。

故障树分析的方法有定性分析和定量分析两种。

定性分析是找出导致顶事件发生的所有可能的故障模式,即求出故障的所有最小割集(MCS)。

定量分析主要有两方面的内容:一是由输入系统各单元(底事件)的失效概率求出系统的失效概率;二是求出各单元(底事件)的结构重要度、概率重要度和关键重要度,最后可根据关键重要度的大小排序出最佳故障诊断和修理顺序,同时也可作为首先改善相对不大可靠的单元数据。

故障树分析程序:① 熟悉系统,要详细了解系统状态及各种参数,绘出工艺流程图或布置图。② 调查事故,收集事故案例,进行事故统计,设想给定系统可能要发生的事故。③ 确定顶上事件,要分析的对象时间即为顶上事件,对调查的事故进行全面分析,找出后果严重且较易发生的事故作为顶上事件。④ 确定目标值。⑤ 调查原因事件。⑥ 从顶上事件起,一级级找出直接原因事件,到所要分析的深度,按其逻辑关系,画出故障树。⑦ 定性分析。⑧ 确定事件发生概率。⑨ 比较。⑩ 分析。

5. 预先危险性分析法(内容详见第四章)。

6. 危险与可操作性分析法(HAZOP)(内容详见第四章)。

三、安全生产风险管控

(一)安全生产风险管控的概念

企业安全生产风险控制是指企业管理者采取各种措施和方法,杜绝或减少安全生产风险事件发生的各种可能性,或减少安全生产风险事件发生时造成的损失。

安全生产风险总是存在的。作为企业管理者会采取各种措施减小安全生产风险事件发生的可能性,或者把可能的损失控制在一定的范围内,以避免在安全生产风险事件发生时带来的难以承担的损失。

(二)安全生产风险管控的措施

企业在进行风险管控时,首先,要确定安全风险程度的大小,评估安全事故的发生概率、损失大小、社会影响等。企业应根据风险评价的结果及生产经营情况等,确定不可接受的风险,制定并落实控制措施,将风险尤其是重大风险控制在可以接受的程度。其次,在选择风险控制措施时要考虑到可行性、安全性、可靠性。最后,要综合采取多样措施,如工程技术措施、管理措施等。

1. 安全管理措施 依据有关法律、法规、规章、标准和《中共中央国务院关于推进安全生产领域改革发展的意见》,企业在风险管控方面应采取以下几方面措施:

(1)建立安全预防控制体系:企业要建立完善的安全预防控制体系,如安全生产动态监控及预警预报体系、重大危险源信息管理体系等,实行风险预警控制。

(2)建立风险管控责任制:按照"分区域、分级别、网格化"的原则,明确落实每一处安全风险源的安全管理措施与监管责任人。定期开展风险评估和危害辨识,每月进行一次安全生产风险分析。

(3)针对高危工艺、设备、物品、场所和岗位,建立分级管控制度,制定落实安全操作规程。

(4)开展经常性的应急演练和人员避险自救培训,着力提升现场应急处置能力。

(5)加强新材料、新工艺、新业态安全风险评估和管控。

(6)位置相邻、行业相近、业态相似的企业、地区和行业要建立完善重大安全风险联防联控机制。

(7)树立隐患就是事故的观念,建立健全隐患排查治理制度、重大隐患治理情况向负有安全生产监督管理职责的部门和企业职代会"双报告"制度,实行自查、自改、自报闭环管理。

(8)严格执行安全生产"三同时"制度。

大力推进企业安全生产标准化建设,实现安全管理、操作行为、设备设施和作业环境的标准化。

2. 工程技术措施

(1) 安全技术措施：安全技术措施是指运用工程技术手段消除物的不安全因素，实现生产工艺和机械设备等生产条件本质安全的措施。

按照危险、有害因素的类别可分为：防火防爆安全技术措施、锅炉与压力容器安全技术措施、起重与机械安全技术措施、电气安全技术措施等。比如，电气安全技术措施包括：① 接零、接地保护系统；② 漏电保护；③ 绝缘；④ 电气隔离；⑤ 安全电压；⑥ 屏护和安全距离；⑦ 连锁保护等。机械安全技术措施包括：① 采用本质安全技术；② 限制机械应力；③ 材料和物质的安全性；④ 遵循安全人机工程学原则；⑤ 设计控制系统的安全原则；⑥ 安全防护措施等。

按照导致事故的原因可分为：防止事故发生的安全技术措施、减少事故损失的安全技术措施等。

(2) 预防事故发生的安全技术措施：预防事故发生的安全技术措施是指为了防止事故发生，采取的约束、限制能量或危险物质，防止其意外释放的安全技术措施。

① 预防事故发生的安全技术措施包括：消除危险源；限制能量或危险物质；隔离；安全设计；减少故障和失误。

预防事故的设施包括：

A. 检测、报警设施，包括：压力、温度、液位、流量、组分等报警设施；可燃气体、有毒有害气体等检测和报警设施；用于安全检查和安全数据分析等检验、检测和报警设施。

B. 设备安全防护设施，包括：防护罩、防护屏、负荷限制器、行程限制器、制动、限速、防雷、防潮、防晒、防冻、防腐、防渗漏等设施；传动设备安全闭锁设施；电气过载保护设施；静电接地设施。

C. 防爆设施，包括：各种电气、仪表的防爆设施；阻隔防爆器材、防爆工器具。

D. 作业场所防护设施，包括：作业场所的防辐射、防触电、防静电、防噪音、通风(除尘、排毒)、防护栏(网)、防滑、防灼烫等设施。

E. 安全警示标志，包括：各种指示、警示作业安全和逃生避难及风向等警示标志、警示牌、警示说明；厂内道路交通标志。

② 减少事故损失的安全技术措施

防止意外释放的能量引起人的伤害或物的损坏，或减轻其对人的伤害或对物的破坏的技术措施称为减少事故损失的安全技术措施。该类技术措施是在事故发生后，迅速控制局面，防止事故的扩大，避免引起二次事故的发生，从而减少事故造成的损失。

常用的减少事故损失的安全技术措施包括：隔离；设置薄弱环节；个体防护；避难与救援。

控制、减少和消除事故影响设施包括：

A. 泄压和止逆设施，包括：用于泄压的阀门、爆破片、放空管等设施；用于止逆的阀门等设施。

B. 紧急处理设施，包括：紧急备用电源、紧急切断等设施；紧急停车、仪表联锁等设施。

C. 防止火灾蔓延设施，包括：阻火器、防火梯、防火墙、防爆门等隔爆设施；防火墙、防火门等设施；防火材料涂层。

D. 灭火设施,包括:灭火器、消火栓、高压水枪、消防车、消防管网、消防站等。

E. 紧急个体处置设施,包括:洗眼器、喷淋器、应急照明等设施。

F. 逃生设施,包括:逃生安全通道(梯)。

G. 应急救援设施,包括:堵漏、工程抢险装备和现场受伤人员医疗抢救装备。

第二节　事故隐患排查治理

一、事故隐患的定义及分类

(一)事故隐患

事故隐患是指生产经营单位违反安全生产法律、法规、规章、标准、规程和安全生产管理制度的规定,或者因其他因素在生产经营活动中存在可能导致事故发生的人的不安全行为、物的危险状态和管理上的缺陷。

(二)事故隐患分类

事故隐患分为一般事故隐患和重大事故隐患。

1. 一般事故隐患　一般事故隐患是指危害和整改难度较小,发现后能够立即整改消除的隐患。

2. 重大事故隐患　重大事故隐患是指危害和整改难度较大,需要全部或者局部停产停业,并经过一定时间整改治理方能消除的隐患,或者因外部因素影响致使生产经营单位自身难以消除的隐患。

二、事故隐患排查治理责任主体

1. 生产经营单位是事故隐患排查、治理、报告和防控的责任主体,应当建立健全事故隐患排查治理制度,完善事故隐患自查、自改、自报的管理机制,落实从主要负责人到每位从业人员的事故隐患排查治理和防控责任,并加强对落实情况的监督考核,保证隐患排查治理的落实。

2. 生产经营单位主要负责人对本单位事故隐患排查治理工作全面负责,各分管负责人对分管业务范围内的事故隐患排查治理工作负责。

3. 任何单位和个人发现事故隐患或者隐患排查治理违法行为,均有权向安全监管监察部门和有关部门举报。

4. 生产经营单位委托技术管理服务机构提供事故隐患排查治理服务的,事故隐患排查治理的责任仍由本单位负责。

技术管理服务机构对其出具的报告或意见负责,并承担相应的法律责任。

三、事故隐患排查治理的管理与技术措施

生产经营单位应根据国家有关法律、法规、规章、标准、规范的要求,对事故隐患的排查治理

采用科学有效的管理与技术措施。

1. 建立事故隐患排查治理制度　生产经营单位应建立包括下列内容的事故隐患排查治理制度：

（1）明确主要负责人、分管负责人、部门和岗位人员隐患排查治理工作要求、职责范围、防控责任。

（2）根据国家、行业、地方有关事故隐患的标准、规范、规定，编制事故隐患排查清单，明确和细化事故隐患排查事项、具体内容和排查周期。

（3）明确隐患判定程序，按照规定对本单位存在的重大事故隐患作出判定。

（4）明确重大事故隐患、一般事故隐患的处理措施及流程。

（5）组织对重大事故隐患治理结果的评估。

（6）组织开展相应培训，提高从业人员隐患排查治理能力。

（7）应当纳入的其他内容。

2. 保证事故隐患排查治理所需的资金，建立资金使用专项制度。

3. 按照事故隐患判定标准和排查清单，定期组织安全生产管理人员、工程技术人员和其他相关人员排查本单位的事故隐患，对排查出的事故隐患，应当进行风险评估和登记，实行分级管理。并建立事故隐患信息档案，按照职责分工实施监控治理，并将事故隐患排查治理情况向从业人员通报。

4. 建立事故隐患排查治理激励约束制度，鼓励从业人员发现、报告和消除事故隐患。对发现、报告和消除事故隐患的有功人员，应当给予物质奖励或者表彰；对瞒报事故隐患或者排查治理不力的人员予以相应处理。

5. 安全生产管理人员在检查中发现重大事故隐患，应当向本单位有关负责人报告，有关负责人应当及时处理。

生产经营单位应当向负有安全生产监督管理职责的部门报告重大事故隐患，同时录入事故隐患信息系统。

6. 生产经营单位将生产经营项目、场所、设备发包、出租的，应当与承包、承租单位签订安全生产管理协议，并在协议中明确各方对事故隐患排查、治理和防控的管理职责。生产经营单位对承包、承租单位的事故隐患排查治理工作进行统一协调、管理，定期进行检查，发现问题及时督促整改。承包、承租单位拒不整改的，生产经营单位可以按照协议约定的方式处理，或者向安全监管监察部门和有关部门报告。

7. 每月对本单位事故隐患排查治理情况进行统计分析，并按照规定的时间和形式报送负有安全监管职责的部门和有关部门。

对于重大事故隐患，生产经营单位除依照前款规定报送外，应当向安全监管监察部门和有关部门提交书面材料。重大事故隐患报送内容应当包括：

（1）隐患的现状及其产生原因。

（2）隐患的危害程度和整改难易程度分析。

（3）隐患的治理方案。

已经建立隐患排查治理信息系统的地区，生产经营单位应当通过信息系统报送前两款规定的内容。

8. 对于一般事故隐患,由生产经营单位(车间、分厂、区队等)负责人或者有关人员及时组织整改。

对于重大事故隐患,由生产经营单位主要负责人组织制定并实施事故隐患治理方案。重大事故隐患治理方案应当包括以下内容:

(1) 治理的目标和任务。

(2) 采取的方法和措施。

(3) 经费和物资的落实。

(4) 负责治理的机构和人员。

(5) 治理的时限和要求。

(6) 安全措施和应急预案。

9. 生产经营单位在事故隐患治理过程中,应当采取相应的安全防范措施,防止事故发生。事故隐患排除前或者排除过程中无法保证安全的,应当从危险区域内撤出作业人员,并疏散可能危及的其他人员,设置警戒标志,暂时停产停业或者停止使用相关设施、设备;对暂时难以停产或者停止使用后极易引发生产安全事故的相关设施、设备,应当加强维护保养和监测监控,防止事故发生。

10. 对于因自然灾害可能引发事故灾难的隐患,生产经营单位应当按照有关法律、法规、规章、标准、规程的要求进行排查治理,采取可靠的预防措施,制定应急预案。在接到有关自然灾害预报时,应当及时发出预警通知;发生自然灾害可能危及生产经营单位和人员安全的情况时,应当采取停止作业、撤离人员、加强监测等安全措施,并及时向当地人民政府及其有关部门报告。

11. 重大事故隐患治理工作结束后,生产经营单位应当组织本单位的技术人员和专家对重大事故隐患的治理情况进行评估或者委托依法设立的为安全生产提供技术、管理服务的机构对重大事故隐患的治理情况进行评估,并将评估情况向负有安全生产监督管理职责的部门报告。

对安全监管监察部门和有关部门在监督检查中发现并责令全部或者局部停产停业治理的重大事故隐患,生产经营单位完成治理并经评估后符合安全生产条件的,应当向安全监管监察部门和有关部门提出恢复生产经营的书面申请,经安全监管监察部门和有关部门审查同意后,方可恢复生产经营。申请材料应当包括治理方案的内容、项目和治理情况评估报告等。

第六章　安全防护技术

安全防护技术是指为防止人身事故,控制或消除生产过程中的危险因素而采取的专门的技术措施。安全防护技术的主要作用是分析造成各种事故的原因,研究防止各种事故的办法,提高设备的安全性,研讨新技术、新工艺、新设备的安全措施,以达到安全生产的目的。本章主要介绍几种常用的安全防护技术。

第一节　机械作业安全防护技术

一、机械伤害

(一)机械伤害的基本概念

机械伤害主要指机械设备运动(静止)部件、工具、加工件直接与人体接触引起的夹击、碰撞、剪切、卷入、绞、碾、割、刺等形式的伤害。各类转动机械的外露传动部分(如齿轮、轴、履带等)和往复运动部分都有可能对人体造成机械伤害。

(二)机械伤害类型

1. 容易发生机械伤害的机械设备　容易发生机械伤害的机械设备主要有:离心机、搅拌机、轮碾机、带式输送机、球磨机、行车、卷扬机、辊筒机、混砂机、螺旋输送机、干燥车、气锤、车床、泵、压模机、灌肠机、破碎机、推焦机、榨油机、硫化机、卸车机、制毡撒料机、滚筒筛等等。

2. 机械伤害的常见类型

(1)挤伤:机械零部件做直线运动时,将人身体某部位挤住,造成伤害。

(2)绞伤:例如外露的齿轮、胶带轮等直接将手指甚至整个手部绞伤或绞断;车床上的光杆、丝杠等将女工的长头发绞进,使人伤亡;机械将操作者的衣袖、裤脚或者穿戴的个人防护用品如手套、围裙等绞进去,致人死伤。

(3)物体打击:旋转的零部件在转动时甩出将人击伤。在旋转运动的零部件上,摆放未经固定的物品,从而在旋转运动时,将物品甩出伤人。

(4)压伤:如锻锤造成的压伤,冲床造成的手部冲压伤,以及剪板机造成的剪切伤等。

(5)砸伤:如高处的机械零部件或吊运的物体坠落,造成砸伤。

(6)烫伤:如高温切屑造成人员烫伤。

（7）刺割伤：如锋利的金属切屑造成人员割伤。

二、机械伤害原因

形成机械伤害的主要原因有以下几个方面：

（一）人的不安全行为

1. 操作失误

（1）机械噪声使操作者的知觉和听觉麻痹，不易判断或判断错误。

（2）依据错误或不完整的信息操控机械造成失误。

（3）机械的显示信号错误使操作者误操作。

（4）操控系统的识别性、标准化存在问题造成误操作。

（5）对运动机械危险性的认识不足而产生误操作。

（6）技术不熟练，操作方法不当。

（7）准备不充分导致误操作。

（8）作业程序不当，违章作业。

（9）人为因素使机械处于不安全状态，如取下安全罩、切除联锁装置等。

（10）图方便、忽略安全程序。如不盘车、不置换分析等。

2. 误入危险区

（1）改变操作条件或改进安全装置。

（2）走捷径，对熟悉的机器省掉某些必要程序。

（3）条件反射下忘记危险区。

（4）单调重复的操作使操作者疲劳而误入危险区。

（5）由于身体状况或环境影响造成视觉或听觉失误而误入危险区。

（6）思维和记忆出错，尤其是对机器及操作不熟悉的新工人容易误入危险区。

（7）违章指挥，操作者未能抵制而误入危险区。

（8）信息沟通不良而误入危险区。

（9）异常状态下的失误。

（二）机械的不安全状态

机械的不安全状态，如机器的安全防护设施不完善，防震、防噪声、通风、防毒、防尘、照明以及气象条件等安全设施缺乏等均能诱发事故。运动机械所造成的伤害事故的危险常存在于下列部位：

1. 旋转的部件具有将人体或物体从外部卷入的危险；机床的卡盘、铣刀、钻头等传动部件和旋转轴的突出部分有钩挂衣袖、裤腿、长发等而将人卷入的危险；叶轮有绞碾的危险；旋转的滚筒有使人被卷入的危险。

2. 直线往复运动的部件存在着撞伤和挤伤的危险。锻压、冲压、剪切等机械的模具、锤头、刀口等部位存在着撞压、剪切的危险。

3. 机械的摇摆部位存在着撞击的危险。

4. 机械的检查点、取样点、控制点、操纵点、送料过程等也都存在着潜在危险因素。

三、机械伤害事故的防护措施

（一）人的安全行为

1. 操作者能按照安全操作规程正确熟练操作机械设备。

2. 检修机械时严格执行断电和监护制度。

3. 正确佩戴安全防护用品。

4. 站在安全位置作业。

5. 设备开动时,有危险的区域不准人员进入。

（二）设备安全性能良好

设备本身应具有良好的安全性能和必要的安全保护装置。

1. 设备性能良好　操纵机构灵敏,便于操作。

2. 安全隔离　机器旋转部位安装防护罩壳;设备某些容易伤人的部位要装设栏杆等隔离装置;容易造成失足的沟、堑,应有盖板;作业条件恶劣,容易造成伤害的机器或某些部件,尽可能采用遥控操纵。

3. 保险装置　保险装置分为机械和电气两类。

（1）锁紧件:如锁紧螺丝、开口销等,防止紧固件松脱。

（2）缓冲装置:以减弱机械的冲击力。

（3）防过载装置:如保险销、易熔塞及电气过载保护元件等。

（4）限位装置:如限位器、限位开关等。

（5）限压装置:如安全阀等。

（6）闭锁装置:在机器的门盖没有关好或存在不允许开机的状况,使设备无法开动;在设备停机前无法打开门盖或其他有关部件。

（7）制动装置:当发生紧急情况时使机器停止转动,如紧急闸等。

（8）其他保护装置:如超温、断水、缺油、漏电等保护。

4. 报警装置　当设备接近危险状态,人员接近危险区域时,能自动报警。

5. 各种仪表和指示装置要易于辨认。

6. 机械的安全系数符合规定,各部分机械强度满足要求。

（三）作业环境条件良好

如设备操作空间不能过于狭小,现场整洁,照明良好等。

（四）加强维保工作

设备的安全性能,除了通过设计、制造保证外,还需要通过设备的安装、维护、检修来保障。

第二节　电气作业安全防护技术

电气事故是电能作用于人体或电能失去控制所造成的意外事件,即与电能直接关联的意外灾害。由电流、电磁场、雷电、静电和某些电路故障等直接或间接造成建筑设施、电气设备毁坏,人、动物伤亡,以及引起火灾和爆炸等严重后果。

一、触电防护技术

(一)触电事故的种类

电气事故主要包括触电事故、静电危害、电磁场危害、电气火灾和爆炸、雷击以及危及人身安全的线路故障和设备故障。

触电方式包括直接接触触电和间接接触触电。直接接触触电包括单相触电和两相触电;间接接触触电包括跨步电压触电与接触电压触电、感应电压触电和雷击触电。

人体直接接触或过分接近正常带电体而发生的触电现象称为直接接触触电。造成直接接触触电的主要原因是运行、检修和维护上的失误。

跨步电压触电是一种间接接触触电。跨步电压是指地面上水平距离为 0.8 m 的两点之间的电位差。

直接接触触电与间接接触触电的最主要的区别是发生电击时所触及的带电体是正常运行的带电体还是意外带电的带电体。

触电时,电流对人体的伤害可分为局部电伤和全身性电伤(电击)两类或者称电伤和电击伤两种。人身触电事故并不是特指电击事故。

1. 局部电伤　局部电伤是指在电流或电弧的作用下,人体部分组织的完整性明显地遭到损伤。有代表性的局部电伤有电灼伤、电标志、皮肤金属化、机械损伤和电光眼。

(1)电灼伤:可分为接触灼伤和电弧灼伤。接触灼伤是人体与带电体直接接触,电流通过人体时产生热效应的结果,通常造成皮肤灼伤,只有在大电流通过人体时,才可能损伤皮下组织。电弧灼伤是指电气设备的电压较高时产生强烈的电弧或电火花,灼伤人体,甚至击穿部分组织或器官,并使深部组织烧死或使四肢烧焦。电弧烧伤也叫电伤。

(2)电标志:电流通过人体时,在皮肤上留下青色或浅黄色的瘢痕。

(3)皮肤金属化:当拉断电路开关或刀闸开关时,形成弧光短路,被熔化了的金属微粒飞溅,渗入裸露的皮肤;或由于人体某部位长时间紧密接触带电体,使皮肤发生电解作用,电流将金属粒子带入皮肤。

(4)机械损伤:电流通过人体时,产生机械—电动力效应,致使肌肉抽搐收缩,造成肌腱、皮肤、血管及神经组织断裂。

(5)电光眼:眼睛受到紫外线或红外线照射后,角膜或结膜发炎。

2. 全身性电伤　遭受电击后,人体维持生命的重要器官和系统的正常活动受到破坏,甚至导致死亡。

（二）电流对人体的伤害

1. 电流对人体的伤害　电流对人体的伤害有电击、电伤和电磁场生理伤害等三种形式。

（1）电击是指电流通过人体，破坏人的心脏、肺及神经系统的正常功能。

触电事故中，绝大部分是人体接受电流遭到电击导致人身伤亡的。

室颤电流是短时间作用于人体而引起心室纤维性颤动的最小致命电流。室颤电流与电流持续时间关系密切。在 100 V 以下的低压系统中，电流会引起人的心室颤动，使心脏由原来正常跳动变为每分钟数百次以上的细微颤动。这种颤动足以使心脏不能再压送血液，导致血液终止循环和大脑缺氧，发生窒息死亡。

电击对人体伤害的严重程度从轻度烧伤直至死亡，取决于电流的种类和强度、触电部位的电阻、电流通过人体的路径以及触电持续时间的长短。

室颤电流是通过人体引起心室发生纤维性颤动的最小电流。人的室颤电流约为 50 mA。一旦发生心室颤动，数分钟内即可导致死亡。

产生相同生理效应所需的直流电比交流电大，直流电的室颤阈比交流电的室颤阈大，交流电更容易引发心室纤维性颤动。

流经心脏的电流越多、电流路线越短电击危险性越大。电流对人体心脏伤害的危险性最大。如果触电者伤势严重，呼吸停止或心脏停止跳动，应竭力施行人工呼吸和胸外心脏按压。

直流电流与交流电流相比，容易摆脱，其室颤电流也比较大，因而，直流电击事故很少。

（2）电伤是指电流的热效应、化学效应或机械效应对人体的伤害，也可表述为电伤是电能转换成热能、机械能等其他形式的能量作用于人体，对人体造成的伤害。主要有电弧灼伤、熔化金属溅出烫伤等。

电气机械性损伤也叫电伤，是触电事故的一种。电伤伤害多见于机体的外部，往往在机体表面留下伤痕。

（3）电磁场生理伤害是指在高频电磁场的作用下，使人出现头晕、乏力、记忆力减退、失眠等神经系统的症状。为了防止电磁场的危害，应采取接地和屏蔽防护措施。

2. 电流对人体伤害程度的影响因素　电流对人体的伤害程度与下列因素直接相关：

（1）流经人体的电流强度。

（2）电流通过人体的持续时间。

（3）电流通过人体的途径。

（4）电流的频率。

（5）人体的健康状况等。

通过人体的电流越大，通电时间越长，人体的生理反应越明显，人体感觉越强烈，致命的危险性就越大。电流持续时间越长，人体电阻因出汗等原因而降低，使通过人体的电流进一步增加，危险性也随之增加。从电流通过人体途径来看，一般认为，电流通过人体的心脏、肺部和中枢神经系统的危险性大，其中以电流通过心脏的危险性最大。所以，按电流通过的途径来区别危险程度，首先以从手到脚的电流途径最危险，人体触电的最危险途径为胸至左手。因为沿这条途径有较多的电流通过心脏、肺部和脊柱等重要器官;其次是从一只手到另一只手的电流途径;最后是从一只脚到另一只脚的电流途径。但后者容易因剧烈痉挛而摔倒,导致电流通过全身,造成摔伤、坠落等严重二次事故。

电气设备通常都采用工频(50 Hz)交流电,这对人的安全来说是最危险的频率。因此,并不是工频交流电流的频率越高,对人体的伤害作用越大。25~300 Hz 的交流电流对人体伤害最严重。另外,人的健康状况不同,对电流的敏感程度和可能造成的危险程度也不完全相同。工频交流电的平均感觉电流,成年男性约为 1.1 mA。凡患有心脏病、神经系统疾病和肺结核的人,受电击伤害的程度都比较重。

（三）触电防护措施

预防触电事故的主要技术措施有以下几种:

1. 使用安全电压 安全电压是指不致使人直接致死或致残的电压。它是制定电气安全规程和一系列电气安全技术措施的基础数据。安全电压系列的上限值,在任何情况下,两导体间或任一导体与地之间均不得超过交流(频率为 50~500 Hz)有效值 50 V。

安全电压决定于人体允许电流和人体电阻。安全电压能限制人员触电时通过人体的电流在安全电流范围内,从而在一定程度上保障了人身安全。人体电阻随着接触电压升高而急剧降低。

国家标准规定,安全电压额定值的等级为:42 V、36 V、24 V、12 V、6 V。当电气设备采用了超过 24 V 电压时,必须采用防止人直接接触带电体的保护措施。凡手提照明灯、危险环境和特别危险环境的局部照明灯、高度不足 2.5 m 的一般照明灯、危险环境和特别危险环境中使用的携带式电动工具,如果没有特殊安全结构或安全措施,应采用 36 V 安全电压;凡工作地点狭窄,行动不便,以及导电良好,周围有大面积接地导体的环境(如金属容器内、隧道或矿井内等),所使用的手提照明灯应采用 12 V 安全电压。行灯和机床、钳台局部照明应采用安全电压,容器内和危险潮湿地点电压不得超过 12 V。安全电压插销座不应带有接零(地)插头或插孔,不得与其他电压的插销座插错。

2. 保证绝缘性能 绝缘是用绝缘物把带电体与人体隔离,防止人体的接触。电气设备的绝缘,就是用绝缘材料将带电导体封闭,使之不触及人,从而防止触电。一般使用的绝缘材料有瓷、云母、橡胶、塑料、布、纸、矿物油及某些高分子合成材料。特定作业环境下(潮湿、高温、有导电性粉尘、腐蚀性气体的工作环境,如铆工、锻工、电镀、漂染车间和空压站、锅炉房等场所),可选用加强绝缘或双重绝缘的电动工具、设备和导线。

但绝缘也会遭到损坏,如机械损伤、电压过高或绝缘老化产生电击穿等。绝缘损坏会使电气设备外壳带电的机会增加,增加触电机会。因此,必须保持电气设备规定的绝缘强度。衡量绝缘性能最基本的指标是绝缘电阻,足够的绝缘电阻能把泄漏电流限制在很小的范围内,可防止漏电事故。不同电压等级的电气设备绝缘电阻要求不同,要定期测定。

电工应正确使用绝缘用具,穿戴绝缘防护用品。雨天穿用的胶鞋,在进行电工作业时不可以当作绝缘鞋使用。如果工作场所潮湿,为避免触电,使用手持电动工具的人应穿绝缘靴,站在绝缘垫上操作。在使用高压验电器时操作者应戴绝缘手套。

3. 采用屏护 屏护是采用遮栏、护罩、护盖、箱匣等把带电体同外界隔绝开来。屏护可分为屏蔽和障碍。屏蔽是完全的防护，障碍是不完全的防护。某些电器的活动部分不能绝缘，或高压设备的绝缘不能保证近距离人的安全，应有相应的屏护。

屏护是一种对电击危险因素进行隔离的手段。屏护装置把带电体同外界隔离开来，防止人体触及或接近。屏护所采用的材料应有足够的机械强度和耐火性能。必要时可设置声光报警信号和联锁保护装置。

4. 保持安全距离 安全距离是指有关规范明确规定的、必须保持的带电部位与地面建筑物、人体、其他设备之间的最小电气安全空间距离。安全距离的大小取决于电压的高低、设备的类型及安装方式等因素，大致可分为四种：各种线路的安全距离、变配电设备的安全距离、各种用电设备的安全距离、检验维修时的安全距离。为了防止人体触及和接近带电体，为了避免车辆或其他工具碰撞或过分接近带电体，为了防止火灾、过电压放电和各种短路事故，在带电体与地面之间、带电体与带电体之间、带电体与人体之间、带电体与其他设施和设备之间，均应保持安全距离。例如，10 kV 接户线对地距离不应小于 4.0 m，低压接户线对地距离不应小于 2.5 m。

5. 合理选用电气装置 合理选用电气装置是减少触电危险和火灾爆炸危害的重要措施。选择电气设备时主要根据周围环境的情况，如在干燥少尘的环境中，可采用开启式或封闭式电气设备；在潮湿和多尘的环境中，应采用封闭式电气设备；在有腐蚀性气体的环境中，必须采用封闭式电气设备；在有易燃易爆危险的环境中，必须采用防爆式电气设备。

6. 装设漏电保护装置 漏电保护器是一种在设备及线路漏电时保证人身和设备安全的装置，其作用主要是防止由于漏电引起的人身触电，并防止由于漏电引起的设备火灾，以及监视、切除电源一相接地故障。依据《漏电保护安全监察规定》和《剩余电流动作保护装置安装和运行》(GB13955)的要求，在电源中性点直接接地的保护系统中，在规定的设备、场所范围内必须安装漏电保护器和实现漏电保护器的分级保护。对一旦发生漏电切断电源时会造成事故和重大经济损失的装置和场所，应安装报警式漏电保护器。

漏电保护装置可以用于检测和切断各种一相接地故障。有的漏电保护装置带有过载、过压、欠压和缺相保护功能。电源采用漏电保护器做分级保护时，应满足上、下级开关动作的选择性。一般上一级漏电保护器的额定漏电电流不小于下一级漏电保护器的额定漏电电流。漏电保护器安装完成后，要按照《建筑电气工程施工质量验收规范》(GB50303)要求，对完工的漏电保护器进行试验，以保证其灵敏度和可靠性。试验时可操作试验按钮三次，带负荷分合三次，确认动作正确无误，方可正式投入使用。

在选择漏电保护器时，选择的额定动作电流并不是越小越好。

7. 保护接地与接零

(1) 保护接地：保护接地就是把用电设备在故障情况下可能出现危险的金属部分(如外壳等)用导线与接地体连接起来，使用电设备与大地紧密连通。保护接地的作用是限制漏电设备的对地电压，使其不超出安全范围。在电源为三相三线制中性点不直接接地或单相制的电力系统中，应设保护接地线。当电源的某一相漏电时，用电设备金属部分就带有与相电压相等的电压，接地电流在人体和电网对地绝缘阻抗形成回路。而有了接地后，漏电设备对地电压主要决

定于接地电阻的大小

接地装置广泛选用自然接地极。接地设计中,利用与地有可靠连接的各种金属结构、管道和设备作为接地体,称为自然接地体。例如,与大地有可靠连接的建筑物的金属结构,敷设于地下的水管路等均可以用作自然接地极。自然接地体的电阻要能满足要求并不对自然接地体产生安全隐患。并不是凡与大地有可靠接触的金属导体均可作为自然接地体,要严禁将氧气管道和乙炔管道等易燃易爆气体管道作为自然接地极。低压配电网,保护接地电阻不超过 4 Ω 即能将其故障时对地电压限制在安全范围以内。电阻超过 4 Ω 时,应采用人工接地极。由于保护接地电阻值远小于电网相对地的绝缘阻抗,所以大大降低了设备带电体的对地电压。接地电阻值越小,越能把带电体的对地电压控制在安全电压范围内。

电气工程通常所说的地是指离接地体 20 m 以外的大地。

在触电事故中携带式和移动式电器设备触电事故较多。手持式电动工具的接地线,每次使用前应进行检查。变压器中性点接地叫作工作接地。

需要指出的是:正常时中性点接地的电网比不接地的电网的单相触电的危险性要大;并不是只要做好设备的保护接地或保护接零,就可以杜绝触电事故的发生;保护接地并不是适用于各种接地配电网。

应该指出,在电源为三相四线制变压器中性点直接接地的电力系统中,是不能单纯采取保护接地措施的。如果采取保护接地,当某相发生碰壳短路时,人体与保护接地装置处于并联状态,加在人体上的电压等于接地电阻的电压降,一般可达 110 V,这个电压对人体还是很危险的。这就是说,在三相四线制变压器中性点接地的电力系统中,单纯采取保护接地虽然比不采取任何安全措施要好一些,但并没有从根本上保证安全,危险性依然存在。

(2) 保护接零:保护接零就是把电气设备在正常情况下不带电的金属部分(外壳),用导线与低压电网的零线(中性线)连接起来。在电压为三相四线制变压器中性点直接接地的电力系统中,应采用保护接零。同时,在中性点直接接地的系统中,如果用电设备上不采取任何安全措施,一旦设备漏电,触及设备的人体将承受近 220 V 的相电压,是很危险的。采取保护接零就可以消除这一危险。各保护接零设备的保护线与电网零干线相连时,应采用并联方式。保护线与工作零线不得共线。电源中性点与零点的区别在于:当电源中性点与接地装置有着良好连接时,中性点便称零点。

当某相带电部分与设备外壳碰连时,通过设备外壳形成相线对零线的单相短路(即碰壳短路),短路电流 I_d 能促使线路上的保护装置(熔断器 FU)迅速动作,从而把故障部分断开,消除触电危险。熔断器的额定电压必须大于等于配电线路电压。

一般情况下保护接零不能将漏电设备对地电压降低到安全范围以内。

应当注意的是,在三相四线制电力系统中,不允许只对某些设备采取接零,而对另外一些设备只采取保护接地而不接零;否则,采取接地(不接零)的设备发生漏电时,电流通过两接地体构成回路,采用接地的漏电设备和采用接零的非漏电设备上都可能带有危险电压。

正确的做法是:采取重复接地保护装置,就是将零线上的一处或多处通过接地装置与大地再次连接,通常是把用电设备的金属外壳同时接地和接零。

根据 IEC 的规定,接地系统分为三大类,即 IN、TT、TN 系统。其中(接地的电网)电气设备金属外壳采用保护接零的是 TN 系统。

还应该注意,零线回路中不允许装设熔断器和开关。任何电气设备在未验明无电之前,一律按有电处理。停电检修时,在一经合闸即可送电到工作地点的开关或刀闸的操作把手上,应悬挂禁止合闸、有人工作的标示牌。任何电气设备在未验明无电之前,一律按有电处理。

要合理选择零线线径,保护零线线径不应低于相线的 1/2。在不能利用自然导体的情况下,保护零线导电能力最好不低于相线的 1/2。

二、电气系统安全技术

(一)火灾爆炸危险场所的电气安全

火灾爆炸危险场所是指能够散发出可燃气体、蒸气和粉尘并易与空气混合形成爆炸性混合物的场所。

对于火灾爆炸危险场所,必须采用防爆电气设备。爆炸危险性较大或安全要求较高的场所应采用 TN−S 系统供电。电缆经过易燃易爆及腐蚀性气体场所敷设时,应穿管保护,管口保护。可燃气体架空管线不可以与电缆、导电线路敷设在同一支架上。在爆炸危险场所,绝缘导线不可以明敷设。从保障安全和方便使用出发,消防用电设备配电线路应设置单独的供电回路。

1. 防爆电气的通用技术要求及选型原则

(1)防爆电气的通用技术要求

① 在爆炸危险场所运行时,具备不引燃爆炸物质的性能。

② 产品质量合格,必须是经厂家认可的检验单位检验合格,并取得防爆合格证的产品。

③ 铭牌、标志齐全:应设置标明防爆检验合格证号和防爆标志铭牌,在明显部位,应有永久性防爆标志"EX"。

④ 在爆炸危险环境里,选用防爆电气的允许最高表面温度不得超过作业场所爆炸危险物质的引燃温度。

(2)选型原则

① 应根据爆炸危险环境分区等级和爆炸性物质的类别、级别选用相应的防爆电气。

② 选用防爆电气的级别、温度组别,不应低于该爆炸危险环境内爆炸性物质的级别和温度组别。当存在两种或两种以上爆炸性物质时,应按危险程度较高的级别和温度组别进行选用。

③ 爆炸危险环境内应选用功率适当的防爆电气,并相应符合环境中存在的化学的、机械的、温度的、生物的以及风沙、潮湿等不同环境条件对电气设备的要求,而且电气设备的结构还应满足在规定运行条件(如工作负荷特性、工作时间等)下,不降低防爆性能的要求。

④ 防爆电气选型应根据运行安全、维修便利、技术先进、经济合理等原则,进行综合分析、科学选定。

2. 爆炸性气体环境中防爆电气的选用

(1)爆炸性气体环境防爆电气类型

按目前法规、标准的规定,适用于爆炸性气体环境的防爆电气设备有隔爆型、增安型等八种防爆形式。

① 隔爆型电气设备:安全性能较高,可用于除 0 区外的各级危险场所。

② 增安型(防爆安全型)电气设备:在正常运行时不产生火花、电弧或危险高温。适用于 1 级和 2 级危险区域。

③ 本质安全型电气设备:这类设备在正常运行或标准试验条件下,所产生的火花或热效应均不能点燃爆炸性混合物。

④ 正压型电气设备:某些大、中型电气设备,当采用其他防爆结构有困难时,可采用正压型结构。

⑤ 充油型电气设备:工作中经常产生电火花以及有活动部件的电气设备,可以采用这种防爆型式。

⑥ 充砂型电气设备:这类设备只适用于没有活动部件的电气设备,可用于 1 级或 2 级危险区域场所。

⑦ 无火花型电气设备:在正常运行时,不产生火花、电弧及高温表面,主要用于 2 级危险区域场所,使用范围较广。

⑧ 防爆特殊型电气设备:这类设备在结构上不属于上述各种类型。它采用其他防爆措施,如浇注环氧树脂及充填石英砂等。

(2)防爆电气设备标志

① 电气设备铭牌右上方有明显的标志"EX"。

② 应顺次标明防爆类型、类别、级别、温度组别等防爆标志。

(3)防爆电气设备的选用

① 根据危险区域等级选定防爆电气设备类型。标志"n"表示无火花型防爆电气设备。配电室等安装和使用非防爆电气设备的房间宜采用正压型防爆电气设备。

② 根据危险场所存在的爆炸性气体的类别、级别、组别确定防爆电气设备的类别、级别、组别,两者对应一致。选择防爆电气设备时,所选电气设备的等级不应低于所在场所内爆炸性混合物的级别组别。

3. 爆炸性粉尘环境防爆电器的选用

(1)电气设备配置原则:爆炸性粉尘环境电气设备配置除执行前述防爆电气设备通用技术条件外,还应符合下述技术要求:

① 爆炸性粉尘环境内使用有可能过负荷的电气设备,应装可靠的过负荷保护。

② 爆炸性粉尘环境事故排风用电动机,应在生产装置发生事故情况下便于操作处设置其紧急启动按钮,或者设置与事故信号、报警装置联锁启动。

③ 爆炸性粉尘环境内,应尽量少装插座及局部照明灯具。如必须安装时,插座宜安置在爆炸性粉尘不易积聚处,灯具宜安置在事故发生时气流不易冲击处。

(2)电气设备选型:除可燃性非导电粉尘和可燃纤维的区域采用防尘结构(标志为 DP)的粉尘防爆电气设备外,爆炸性粉尘环境及全体爆炸性粉尘环境均采用尘密结构(标志为 DT)的粉尘防爆电气设备,并按照粉尘的不同引燃温度选择不同引燃温度组别的电气设备。使用电气设备时,由于维护不及时,当导电粉尘或纤维进入时,可导致短路事故。

在易燃易爆场所使用电气设备及灯具,应注意:

① 在易燃、易爆场所的照明灯具,应使用防爆型或密闭型灯具,在多尘、潮湿和腐蚀性气体的场所,应使用密闭型灯具。

② 易燃、易爆场所必须采用防爆型照明灯具。上罐作业只能使用防爆灯具,并注意不可失落。

③ 可燃气体和易燃蒸气的抽送、压缩设备的电机部分应为符合防爆等级要求的电气设备,否则应隔离设置。

④ 运行电气设备操作必须由两人执行,由工级较高者担任监护,工级较低者进行操作。

(二)电气火灾的预防与扑救

1. 电气火灾的预防

(1)合理选用电气设备:在易燃、易爆场所必须选用防爆电器。防爆电器在运行过程中具备不引爆周围爆炸性混合物的性能。防爆电器有各种类型和等级,应根据场所的危险性和不同的易燃易爆介质正确选用合适的防爆电器。

(2)保持防火间距:电气火灾是由电火花或电器过热引燃周围易燃物形成的,电器安装的位置应适当避开易燃物。在电焊作业的周围以及天车滑触线的下方不应堆放易燃物。当有人在半封闭容器内进行电焊作业时,严禁向内部送氧。使用电热器具、灯具要防止烤燃周围易燃物。

(3)保持电器、线路正常运行:保持电器、线路正常运行主要指保持电器和线路的电压、电流、温升不超过允许值,保持足够的绝缘强度,保持连接或接触良好。这样可以避免事故火花和危险温度的出现,消除引起电气火灾的根源。

2. 电气火灾的扑救

(1)电气灭火器材的选用:带电灭火不可使用普通直流水枪和泡沫灭火器,以防扑救人员触电。应使用二氧化碳、七氟丙烷及干粉灭火器等。带电灭火一般只能在 10 kV 及以下的电器设备上进行。带电灭火时,若用水枪灭火,宜采用喷雾水枪。

干粉灭火剂主要通过在加压气体作用下喷出的粉雾与火焰接触、混合时发生的物理、化学作用灭火,而不是产生窒息作用灭火。发电机起火时,不能用干粉灭火。干粉灭火剂也不适合扑救精密仪器火灾。扑灭精密仪器等火灾时,一般用的灭火器为二氧化碳灭火器。

化学泡沫灭火原理主要是隔离与窒息作用。电器着火时不能用水灭火。化学泡沫灭火剂不可以用来扑救忌水忌酸的化学物质和电气设备的火灾。电器着火时不能用水灭火。比较适于扑灭电气设备火灾的是二氧化碳。变压器等电器发生喷油燃烧时,除切断电源外,有事故贮油坑的应设法将油导入贮油坑,坑内和地上的燃油可用泡沫扑灭,要防止燃油流入电缆沟并漫延,电缆沟内的燃油亦只能用泡沫覆盖扑灭。

可燃易燃气体、电器、仪表、珍贵文件档案资料着火时,扑火应用二氧化碳灭火器。

扑救电器火灾时,应尽可能首先将电源开关关掉。电机冒烟起火时要紧急停车。

（2）电气火灾的特点

① 带电：电气设备着火时着火场所的很多电气设备可能是带电的。扑救带电电气设备的火灾时，应该注意现场周围可能存在着较高的接触电压和跨步电压。

② 带油：许多电气设备着火时，是绝缘油在燃烧。例如电力变压器、多油开关等，其本身充满绝缘油，受热后可能发生喷油和爆炸事故，进而使火灾范围扩大。

（3）扑救电气火灾时的安全措施：扑救电气火灾时，应首先切断电源。切断电源时，应严格按照规程要求。

① 火灾发生后，由于潮湿及烟熏等原因，电气设备绝缘已经受损，所以在操作时，应用绝缘良好的工具操作。

② 选好电源切断点。切断电源的地点要选择适当，若在夜间切断电源时，应考虑临时照明电源问题。

③ 若需剪断电线时，应注意非同相电源应在不同部位剪断，以免造成短路。剪断电线部位应选有支撑物支撑电线的地方。

三、静电的危害与防护

静电就是一种处于静止状态的电荷或者说不流动的电荷。

静电的起电方式包括：① 接触-分离起电；② 破断起电；③ 感应起电；④ 电荷迁移。

产生静电最常见的方式是接触-分离起电。人体的电阻较低，相当于良导体，故人体处于静电场中也容易感应起电，而且人体某一部分带电即可造成全身带电。

固体粉碎和液体分离过程的起电一般属于破断起电。

在圆筒形、斜口形、T形注油管头中，最容易产生静电的是圆筒形。管道内表面越光滑，产生的静电荷越少；流速越快，产生的静电荷则越多。为了限制产生静电，可限制液体在管道内的流速。易燃液体灌装时应控制流速，其流速不得超过 3 m/s，其原因是防静电。

装卸易燃液体人员需穿防静电工作服。禁止穿带钉鞋。大桶不得在水泥地面滚动。桶装各种氧化剂不得在水泥地面滚动。

静电放电形式包括：① 电晕放电；② 刷形放电和传播型刷形放电；③ 火花放电；④ 雷型放电。

在上述几种静电放电形式中，火花放电和传播型刷形放电引发火灾爆炸事故的引燃能力很强，危险性很大。其中，火花放电释放的能量较大，电晕放电释放的能量较小。

（一）静电的危害

1. 爆炸和火灾　静电最为严重的危险是引起火灾和爆炸。静电能量虽然不大，但因其电压很高而容易发生放电，出现静电火花，产生很大的危害。

静电电击是瞬间冲击性的电击。电阻率越大，越容易产生和积累静电，造成危害。在有可燃液体的作业场所，可能由静电火花引起火灾。

在有气体、蒸气爆炸性混合物或有粉尘纤维爆炸性混合物的场所可能由静电火花引起爆炸（如氧、乙炔、煤粉、铝粉、面粉等，铝镁粉与水反应比镁粉或铝粉单独与水反应要强烈得多）。所以,凡有爆炸和火灾危险的区域,操作人员必须穿防静电鞋或导电鞋、防静电工作服。

蒸气和气体静电比固体和液体的静电要弱一些,有的也能高达万伏以上,静电电压最高可达数万伏,可现场放电,产生静电火花引起火灾。一般情况下,混入杂质有增加静电的趋势。温度、湿度的增加会降低电介质的电阻率,而杂质含量与电场强度的增加则会增加电介质的电阻率。

2. 电击　由于静电造成的电击,可能发生在人体接近带电物体的时候,也可能发生在带静电电荷的人体接近接地体的时候。

一般情况下,静电的能量较小,所以生产过程中产生的静电所引起的电击不会直接致命,但人体可能因电击引起坠落、摔倒等二次事故。电击还可能使工作人员精神紧张,妨碍工作。

3. 妨碍生产　在某些生产过程中,如不消除静电,将会妨碍生产或降低产品质量。例如静电使粉体吸附于设备,会影响粉体的过滤和输送。

(二) 防止静电的措施

1. 工艺控制法　工艺控制法就是从工艺流程、设备结构、材料选择和操作管理等方面采取措施,限制静电的产生或控制静电的积累,使之达不到危险的程度。

(1) 限制输送速度:降低物料移动中的摩擦速度或液体物料在管道中的流速等工作参数,可限制静电的产生。

(2) 加速静电电荷的消散方式:在产生静电的任何工艺过程中,总是包括产生和逸散两个区域。在静电产生的区域,分离出相反极性的电荷称为带电过程;在静电逸散区域,电荷自带电体上泄漏消散。

① 正确区分静电的产生区和逸散区:在两个区域中可以采取不同的防静电危害措施,增强消除静电的效果。如在粉体物料的气流输送中,空送系统及管道是静电产生区,而接受料斗、料仓是静电逸散区。在料斗和料仓中,装设接地的导电钢栅,可有效地消除静电。而在产生区装设上述装置,反而会增加静电和静电火花的产生。

② 对设备和管道选用适当的材料:人为地使生产物体在不同材料制成的设备中流动,如物体与甲材料摩擦带正电,与乙材料摩擦带负电,以使得物体上的静电相互抵消,从而消除静电的危险。以上材料除满足工艺上的要求外,还应有一定的导电性。

③ 适当安排物料的投入顺序:在某些搅拌工艺过程中,适当安排加料顺序,可降低静电的危险性。例如某液浆搅拌过程中,先加入汽油及其他溶质搅拌时,液浆表面电压小于 400 V,而最后加入汽油时,液浆表面电压则高达 10 kV 以上。

(3) 消除产生静电的附加源:产生静电的附加源如液流的喷溅,容器底部积水受到注入流的搅拌,在液体或粉体内夹入空气或气泡,粉尘在料斗或料仓内冲击,液体或粉体的混合搅动等。只要采取相应的措施,就可以减少静电的产生。

① 为了避免液体在容器内喷溅,应从底部注油或将油管延伸至容器底部液面下。

② 为了减轻从油槽车顶部注油时的冲击,从而减少注油时产生的静电,应改变注油管出口处的几何形状,这样做对降低油槽内油面的电位有一定的效果。

③ 为了降低罐内油面电位,过滤器不宜离管出口太近。一般要求从罐内到出口有 30 s 缓

冲时间,如满足不了则需配置缓冲器或采取其他防静电措施。

④ 消除杂质:油罐或管道内混有杂质时,有类似粉体起电的作用,静电发生量将增大。采样器内剩余的油样及洗刷采样器的油品不能倒回罐内。实践证明,油中含水 5%,会使起电效应增大 10~50 倍。为防止易燃易爆气体危害,取样和检测人员必须站在上风方向操作。

⑤ 降低爆炸性混合物浓度:降低爆炸性混合物浓度,可消除或减轻爆炸性混合物的危险。为此,可以采用通风(抽气)装置,及时排除爆炸性混合物;也可以在危险空间充填惰性气体,如二氧化碳和氮等,隔绝空气或稀释爆炸性混合物,以达到防火、防爆的目的。

对于油品(特别是甲、乙类液体),不准使用两种不同导电性质的检尺、测温和采样工具进行操作。计量、测温和取样作业完后,要盖好作业孔,用棉纱(布)擦净器具,禁止使用化纤物。

从事易燃易爆作业的人员应穿含金属纤维的棉布工作服以防静电。

2. 泄漏导走法　泄漏导走法即用静电接地的方法,使带电体上的静电荷能够向大地泄漏消散。同一导体在不同温度下,它的电阻值是不相同的。一般认为,在任何条件和环境下,带电体上电荷质点的对地总泄漏电阻值小于 106 Ω,对甲、乙类易燃可燃液体,其电阻率小于 108 Ω·m时,在金属容器甲储放的物料其接地条件可认为是良好的。

绝缘体上静电的泄漏一般有两条途径:① 通过绝缘体表面直接泄漏;② 通过绝缘体内部进行泄漏。这两种泄漏途径取决于绝缘体的表面电阻和体积电阻。绝缘体上较大的静电泄漏主要不是其表面泄漏。为了有利于静电的泄露,可采用静电导电性工具。

(1)增湿:带电体在自然环境中放置,其所带有的静电荷会自行逸散。逸散的快慢与介质的表面电阻率和体积电阻率大有关系,而介质的电阻率又和环境的湿度有关。

提高环境的相对湿度,不仅可缩短电荷的半衰期,还能提高爆炸性混合物的最小引燃能量。一般来说,静电事故在潮湿的季节发生较少。从消除静电危害的角度考虑,在允许增湿的生产场所保持相对湿度在 70% 以上较为适宜。

工房内防静电的措施包括造潮和通风等,但不包括降温。

(2)加抗静电剂:化学防静电剂也叫防静电添加剂。在非导体材料里加入抗静电剂后,能增加材料的吸湿性或离子化倾向,使材料的电阻率降到 104~106 Ω·m 以下。有的抗静电剂本身有良好的导电性,同样可加速静电的泄漏,消除电荷积累。

对混合时产生静电的物料,应加入抗静电剂。但对于悬浮粉体和蒸气静电,任何抗静电添加剂都不起作用。

(3)确保静置时间和缓和时间:经注油管输入容器和储罐的液体,将带入一定的静电荷。静电荷混杂在液体内,根据电导和同性相斥的原理,电荷将向容器壁及液面集中泄漏消散,而液面上的电荷又要通过液面导向器壁导入大地,显然是需要一段时间才能完成这个过程。除上面提到的管道中的过滤器和管道出口之间需有 30 s 缓冲时间外,油罐在注油过程中,从注油停止到油面产生最大静电电位,也有一段延迟时间。

(4)静电接地:接地是消除静电危害最常见的方法和最基本的措施。为了消除感应静电的危险,料斗或其他容器内不得有不接地的孤立导体。易燃液体在运输、泵送、灌装时要有良好的接地装置,防止静电积聚。

为了防止静电感应产生的高电压,建筑物屋面结构钢筋宜绑扎或焊接成闭合回路。

① 静电接地连接:静电接地连接是接地措施中重要一环,其目的是使带电体上的电荷有一条导入大地的通路。实现的办法是静电跨接、直接接地、间接接地等手段,把设备上的各部分经过接地极与大地做可靠的电气连接。

② 静电接地的一般连接原则

a. 金属导体应做静电跨接、直接接地。

b. 电阻率在 $1010\ \Omega\cdot m$ 以下的物体以及表面电阻率在 $109\ \Omega\cdot m$ 以下的表面应做间接接地。

c. 电阻率在 $1010\ \Omega\cdot m$ 以上的非导体及表面电阻率在 $109\ \Omega\cdot m$ 以上的表面,间接接地虽是必要的,但需靠其他措施相配合,如加抗静电剂、减少静电产生量、规定必要的静置时间、采用静电消除器等才能确保安全。

③ 需做静电接地连接的场所:凡用来加工、储存、运输且能产生静电危险的管道和设备,如各种储罐、混合器、物料输送设备、排注器、过滤器、干燥器、反应器、吸附器、粉碎器等,金属体应跨接形成一个连续的导电整体并接地。特别注意在设备内部不允许有与地绝缘的导体部件。

静电的消失主要有两种方式,即中和与泄漏。因此,可以使用静电中和器。它能产生电子和离子,带电体上的电荷将得到相反电荷的中和,从而消除静电的危险。静电中和器不是主要用来中和导体上的静电。

四、雷电的危害与防护

雷电可以分为直击雷、感应雷、雷电波侵入和球形雷。

感应雷也称作雷电感应,分为静电感应雷和电磁感应雷。

(一)雷电的危害

雷电是一种常见的自然现象,它除了危及人身安全外,还会对电气设备,特别是电子设备产生巨大的破坏作用。雷击及其电磁脉冲在线路上形成暂态过电压,沿着线路侵袭并危及电气或电子设备的安全。

1. 电性质破坏　雷电放电具有电流大、电压高的特点。雷电放电产生极高的冲击电压,可击穿电气设备的绝缘,损坏电气设备和线路,造成大规模停电。由于绝缘损坏还会引起短路,导致火灾或爆炸事故。电气绝缘的损坏以及巨大的雷电电流流入地下,在电流通路上产生极高的对地电压和在流入点周围产生的强电场,还可能导致人身触电伤亡事故等。

带电积云是构成雷电的基本条件。一般认为,雷云是在有利的大气和大地条件下,由强大的潮湿的热气流不断上升进入稀薄的大气层冷凝的结果。

雷电流陡度是指雷电流随时间上升的速度。雷电流陡度对过电压有直接影响。

雷暴是指一部分带有电离子的云层与另一部分带异种电荷的云层,或者是带电离子的云层对大地间迅猛地放电。其中后一种即云层对大地放电,则会对建筑物、人体、电子设备等产生极大危害。雷暴日是衡量雷电活动频繁程度的电气参数,一般山地比平原雷暴日多,我国的南方比北方雷暴日多。

2. 热性质破坏　强大雷电流通过导体时,在极短的时间内将转换成为大量热能,产生的高温会造成易燃物燃烧,或金属熔化飞溅,而引起火灾、爆炸。

3. 机械性质的破坏   由于热效应使雷电通道中木材纤维缝隙和其他结构中间缝隙里的空气剧烈膨胀,同时使水分及其他物质分解为气体,因而在被雷击物体内部出现强大的机械压力,使被击物体遭受严重破坏或造成爆裂。

4. 雷电感应   表现为被击物破坏或爆裂成碎片,除由于大量的气体或水分汽化剧烈膨胀外,静电斥力、电磁力以及冲击气浪都具有机械性质的破坏作用。

5. 电磁感应   雷电的强大电流所产生的强大交变电磁场会使导体感应出较大的电动势,并且还会在构成闭合回路的金属物中感应出电流,这时如果回路中有的地方接触电阻较大,就会局部发热或发生火花放电,这对于存放易燃易爆物品的场所是非常危险的。爆炸危险环境应优先采用铜线。

6. 雷电侵入波   雷电在架空线路、金属管道上会产生冲击电压,使雷电波沿线路或管道迅速传播。对架空线路等空中设备进行灭火时,人体位置与带电体之间仰角不应超过45°。若侵入建筑物内,可造成配电装置和电气线路绝缘层击穿,产生短路,或使建筑物内易燃易爆物品燃烧和爆炸。在爆炸危险环境中,当爆炸危险气体或蒸气比空气重时,电气线路应高处敷设。选用电气线路时,应注意到移动电气设备应采用橡皮套软线电缆或移动电缆。

电力电容器不用管型避雷器防雷电侵入波。为防雷电侵入波,配电变压器应在高压侧装设阀型避雷器或保护间隙进行保护。为防止雷电波入侵重要用户,最好采用全电缆供电,但将其金属外皮接零的做法是错误的。

7. 防雷装置上的高电压对建筑物的反击作用   防雷装置包括接闪器、引下线、接地装置三部分。当防雷装置受雷击时,在接闪器引下线和接地体上部具有很高的电压。如果防雷装置与建筑物内、外的电气设备、电气线路或其他金属管道的相隔距离很近,它们之间就会产生放电,这种现象称为反击。反击可能引起电气设备绝缘破坏,金属管道烧穿,甚至造成易燃、易爆物品着火和爆炸。接闪器所用材料应能满足机械强度和耐腐蚀的要求,还应有足够的热稳定性,以能承受雷电流的热破坏作用。用金属屋面做接闪器时,金属板不能有绝缘层。建筑物的金属屋面不可作为第一类建筑物的接闪器。露天装设的有爆炸危险的金属储罐和工艺装置,当其壁厚不小于4 mm时,一般不再装设接闪器,但需按规范要求做好接地。

8. 雷电对人的危害   雷击电流迅速通过人体,可立即使呼吸中枢麻痹,心室纤颤、心跳骤停,以致使脑组织及一些主要脏器受到严重损害,出现休克或突然死亡。

感知电流一般不会对人体造成伤害,但可能因不自主反应而导致由高处跌落等二次事故。对于正常人体而言,感知阈值平均为0.5 mA,感知电流与个体生理特征、人体与电极的接触面积等因素有关,与时间因素不相关,而摆脱阈值与时间有关。成年男性平均感知电流比女性大,因此,女性比男性对电流更敏感。

雷击时产生的火花、电弧,还可使人遭到不同程度的烧伤。

(二)建筑物防雷措施

1. 建筑物防雷分类   根据建筑物的重要性、使用性质、发生雷电事故的可能性和后果,按防雷要求分为三类。

第一类防雷建筑物主要为处于爆炸危险环境的建筑物。如制造、使用或储存炸药、火药、军火品等大量爆炸物质的制造、使用或储存炸药、火药、起爆药、火工品等大量爆炸物质的建筑物。

第二类防雷建筑物主要为国家级重要建筑物及某些区爆炸危险场所的建筑物。如国家级重点文物保护的建筑物、国家级的会堂、大型展览和博览建筑物、大型火车站、国宾馆、国家级计算中心以及具有 2 区或 22 区爆炸危险场所的建筑物,等等。

第三类防雷建筑物主要为省级重要建筑物及其他建筑物。如省级重点文物保护的建筑物、省级档案馆、省级办公建筑物以及预计雷击次数大于或等于 0.05 次/年且小于或等于 0.25 次/年的住宅、办公楼等一般性民用建筑物或一般性工业建筑物,等等。

2. 建筑物的防雷措施 建筑物的防雷措施如表 6-1 所示。

表 6-1 第一类防雷建筑物的防雷措施

项目	防雷措施
防直接雷	(1) 装设独立避雷针或架空避雷线(网),网格尺寸不大于 5 m×5 m 或 6 m×4 m,使被保护的建筑物及风帽、放散管等突出屋面的物体均处于接闪器的保护范围内; (2) 对排放有爆炸危险气体、蒸气或粉尘的放散管、呼吸阀、排风管等管道,其管口外的以下空间应处于接闪器的保护范围内,接闪器与雷闪的接触点应设在上述空间之外; (3) 对于(2)项所规定的管道,当其排放物达不到爆炸浓度、长期点火燃烧、一排放就点火燃烧时,以及仅当发生事故时排放物才达到爆炸浓度的通风管道、安全阀、接闪器的保护范围可仅保护到管帽;无管帽时可仅保护到管口; (4) 独立避雷针、架空避雷线或架空避雷网应有独立的接地装置,每一引下线的冲击接地电阻不宜大于 10 Ω
防雷电感应	(1) 建筑物内的设备、管道、构架,电缆金属外皮,钢屋架,钢窗等较大金属物和突出屋面的放散管、风管等金属物,均应接到防雷电感应的接地装置上;金属屋面周边每隔 18~24 m,应采用引下线接地一次;现场浇制的或由预制构件组成的钢筋混凝土屋面,其钢筋宜绑扎或焊接成闭合回路并应每隔 18~24 m 采用引下线接地一次; (2) 平行敷设的管道,构架和电缆金属外皮等长金属物,其净距小于 100 m 时,应每隔不大于 30 m 用金属线跨接;交叉净距小于 100 m 时,其交叉处亦应跨接;当长金属物的弯头、阀门、法兰盘等连接处的过渡电阻大于 0.03 Ω 时,连接处应用金属线跨接;对有不少于 5 根螺栓连接的法兰盘,在非腐蚀环境下,可不跨接; (3) 防雷电感应的接地装置,其工频接地电阻不应大于 10 Ω,并应和电气设备接地装置共用;屋内接地干线与防雷电感应接地装置的连接,不应少于 2 处
防止雷电波侵入	(1) 低压线路宜全线采用电缆直接埋地敷设,在入户端应将电缆的金属外皮、钢管接到防雷电感应的接地装置上; (2) 架空金属管道,在进出建筑物处,应与防雷电感应的接地装置相连

避雷器是防止雷电波的防护装置,主要用来保护电力设备和电力线路,也用作防止高压电侵入室内的安全措施。避雷器并联在被保护设备或设施上,正常时处在不通的状态。

避雷器的三种形式中,应用最多的是阀型避雷器。

装设避雷针主要用来防直击雷,保护露天变配电设备、建筑物和构筑物。为防止直击雷危害,35 kV 及以下的高压变配电装置宜采用独立避雷针或避雷线。为了防止跨步电压伤人,防直击雷接地装置距建筑物、构筑物出入口和人行道的距离不应少于 3 m。

易受雷击的建筑物和构筑物、有爆炸或火灾危险的露天设备如油罐、贮气罐、高压架空电力线路、发电厂和变电站等也应采取防直击雷措施。严禁在装有避雷针的构筑物上架设通信线、广播线或低压线。

利用照明灯塔做独立避雷针的支柱时,为了防止将雷电冲击电压引进室内,照明电源线必须采用铅皮电缆或穿入铁管,并将铅皮电缆或铁管直接埋入地中 10 m 以上(水平距离),埋深为 0.5~0.8 m 后,才能引进室内。

利用山势装设的远离被保护物的避雷针或避雷线,不可以作为被保护物的主要直击雷防护措施。

储存易燃、易爆危险化学品的建筑,必须安装避雷设备。

第三节　预防火灾安全技术

火灾是指在时间或空间上失去控制的燃烧所造成的灾害。

一、火灾分类

火灾根据可燃物的类型和燃烧特性,分为 A、B、C、D、E、F 六大类。

A 类火灾:指固体物质火灾。这种物质通常具有有机物质性质,一般在燃烧时能产生灼热的余烬,如木材、干草、煤炭、棉、毛、麻、纸张、塑料(燃烧后有灰烬)燃烧引发的等火灾。

B 类火灾:指液体或可熔化的固体物质火灾,如煤油、柴油、原油、甲醇、乙醇、沥青、石蜡等燃烧引发的火灾。

C 类火灾:指气体火灾,如煤气、天然气、甲烷、乙烷、丙烷、氢气等燃烧引发的火灾。

D 类火灾:指金属火灾,如钾、钠、镁、钛、锆、锂、铝镁合金等燃烧引发的火灾。

E 类火灾:指带电火灾,物体带电燃烧引发的火灾。

F 类火灾:指烹饪器具内的烹饪物(如动植物油脂)引发的火灾。

二、火灾危险性

火灾危险性是指火灾发生的可能性与暴露于火灾或燃烧产物中而产生的预期有害程度的组合。

(一)生产的火灾危险性

生产的火灾危险性根据生产中使用或产生的物质性质及其数量等因素,分为甲、乙、丙、丁、戊类,详见表 6-2。

表6-2 生产的火灾危险性分类

生产类别	使用或生产下列物质的火灾危险性特征
甲	1. 闪点<28℃的液体； 2. 爆炸下限<10%的气体； 3. 常温下能自行分解或在空气中氧化即能导致迅速自燃或爆炸的物质； 4. 常温下受到水或空气中水蒸气的作用，能产生可燃气体并引起燃烧或爆炸的物质； 5. 遇酸、受热、撞击、摩擦、催化以及遇有机物或硫黄等易燃的无机物，极易引起燃烧或爆炸的强氧化剂； 6. 受撞击、摩擦或与氧化剂、有机物接触时能引起燃烧或爆炸的物质； 7. 在密闭设备内操作温度等于或超过物质本身自燃点的生产
乙	1. 28℃≤闪点<60℃的液体； 2. 爆炸下限≥10%的气体； 3. 不属于甲类的氧化剂； 4. 不属于甲类的化学易燃危险固体； 5. 助燃气体； 6. 能与空气形成爆炸性混合物的浮游状态的粉尘、纤维、闪点≥60℃的液体雾滴
丙	1. 闪点≥60℃的液体； 2. 可燃固体
丁	1. 对非燃烧物质进行加工，并在高热或熔化状态下经常产生强辐射热、火花或火焰的生产； 2. 利用气体、液体、固体作为燃料或将气体、液体进行燃烧作其他用途的各种生产； 3. 常温下使用或加工难燃烧物质的生产
戊	常温下使用或加工非燃烧物质的生产

（二）储存物品的火灾危险性

储存物品的火灾危险性根据储存物品的性质及其数量等因素，分为甲、乙、丙、丁、戊类，详见表6-3。

表6-3 储存物品的火灾危险性分类

储存物品 类别	储存物品的火灾危险性特征
甲	1. 闪点<28℃的液体； 2. 爆炸下限<10%的气体，以及受到水或空气中水蒸气的作用，能产生爆炸下限<10%气体的固体物质； 3. 常温下能自行分解或在空气中氧化即能导致迅速自燃或爆炸的物质； 4. 常温下受到水或空气中水蒸气的作用能产生可燃气体并引起燃烧或爆炸的物质； 5. 遇酸、受热、撞击、摩擦以及遇有机物或硫黄等易燃的无机物，极易引起燃烧或爆炸的强氧化剂； 6. 受撞击、摩擦或与氧化剂、有机物接触时能引起燃烧或爆炸的物质

续表

储存物品类别	储存物品的火灾危险性特征
乙	1. 28 ℃≤闪点＜60 ℃的液体； 2. 爆炸下限≥10％的气体； 3. 不属于甲类的氧化剂； 4. 不属于甲类的化学易燃危险固体； 5. 助燃气体； 6. 常温下与空气接触能缓慢氧化，积热不散引起自燃的物品
丙	1. 闪点≥60 ℃的液体； 2. 可燃固体
丁	难燃烧物品
戊	非燃烧物品

三、火灾的特点

企业火灾一般具有以下特点：

（一）爆炸引发火灾

爆炸引发火灾或火灾中产生爆炸是一些生产企业的明显特点。如果企业生产中所采用的原料，生产的中间产品及终极产品具有易燃易爆的条件，则极易发生爆炸并导致火灾。

（二）流淌性火灾

可燃、易燃液体具有流动性，当其从设备内泄漏时，会四处流淌，若碰到明火，极易发生火灾事故。

（三）立体性火灾

由于一些生产企业内存在易燃易爆的原料或成品具有流淌扩散性、生产设备密集布置的立体性、企业建筑物（构筑物）的互相串通性，一旦初期火灾没有得到有效控制，火势就会上下左右迅速扩展而形成立体性火灾。

（四）火势发展速度快

在一些生产和储存场所可燃物集中，起火以后燃烧强度大、火场温度高、辐射热强、可燃气体液体极强的扩散流淌性、建筑的互通性等诸多条件因素的叠加，使得火势很快蔓延。

四、火灾具备的条件

发生火灾必须同时具备三要素。

（一）有可燃物质

不论是气体、固体或液体，凡是能与空气中的氧或其他氧化剂发生剧烈反应的物质，均可称为可燃物质，如汽油、乙醇、乙炔、碳、氢、硫、钾、木材、纸张等。

（二）有助燃物质

如空气、氧气、氯气、氯酸钾以及高锰酸钾等。

（三）有点火源

即能引起可燃物质燃烧的能源,如明火、电(气)焊火花、炽热物体、自燃发热物等。

五、火灾的预防措施

预防性措施可分为两类。

（一）消除导致火灾的物质条件

1. 尽量不使用或少使用可燃物　通过改进生产工艺或者技术,以不燃物或难燃物代替可燃物或易燃物,以燃爆危险性小的物质代替燃爆危险性大的物质。

2. 生产设备及系统尽量密闭化　密闭的正压设备或系统要防止泄漏,负压设备及系统要防止空气渗透。

3. 采取通风除尘措施　对于因某些生产系统或设备无法密闭或者无法完全密闭,可能存在可燃气体、蒸汽、粉尘的生产场所,要设置通风除尘装置以降低空气中可燃物浓度。

4. 合理选择生产工艺　根据产品和原材料的火灾危险特性,安排、选用符合安全要求的设备和工艺流程。性质相抵的物品应分开存放。

5. 惰性气体保护　在存有可燃物料的系统中加进惰性气体,使可燃物及氧气浓度下降,可以降低或消除燃爆危险性。

（二）消除或者控制点火源

1. 防止撞击、摩擦产生火花　在爆炸危险场所应采取相应措施,如:严禁穿带铁钉的鞋进出;严禁使用能产生冲击火花的工具、用具;使用防爆工具、用具或者铜制、木制工具、用具;机械设备中凡会发生撞击、摩擦的部分应采用不会产生火花的金属等。

2. 防止高温表面引起着火　高温表面应当有保温或隔热措施;可燃气体排放口应远离高温表面;禁止在高温表面烘烤衣物;清除高温表面的油污,以防其受热分解、自燃。

3. 消除静电　一是控制工艺过程,抑制静电的产生。二是加速所产生静电的泄放或者中和,限制静电的积累,使之不超过安全限度。为此,在爆炸场所,所有可能发生静电的设备、管道、装置、系统都应接地。此外,在绝缘材料中添加导电填料;在容易产生静电的物质中加抗静电剂;增加工作场所空气的湿度;使用静电中和器等,都是防静电的基本措施。

4. 预防雷电火花引发火灾事故　合理设置避雷装置是防治或减少雷击事故的最基本措施。

5. 防止明火　生产过程中的明火主要是指加热用火、维修用火以及其他火源。加热可燃物时,应避免采用明火,宜使用水蒸气、热水等间接加热。如必须使用明火加热,应采取安全措施。维修用火时应当严格执行动火制度。此外,应加强管理,避免生产场所烟头、火柴引起的火灾。

第四节　预防粉尘爆炸安全技术

粉尘爆炸是指可燃粉尘在受限空间内与空气混合形成的粉尘云，在点火源作用下，形成的粉尘空气混合物快速燃烧，并引起温度压力急骤升高的化学反应。

一、粉尘爆炸的条件

粉尘爆炸大多发生在有铝粉、锌粉、铝材加工研磨粉、各种塑料粉末、有机合成药品的中间体、小麦粉、糖、木屑、染料、胶木灰、奶粉、茶叶粉末、烟草粉末、煤尘、植物纤维尘等产生的生产加工场所。

具有爆炸性的粉尘主要包括：金属粉尘（如镁粉、铝粉）、煤炭粉尘、粮食粉尘（如小麦、淀粉）、饲料粉尘（如血粉、鱼粉）、农副产品粉尘（如棉花、烟草）、林产品粉尘（如纸粉、木粉）、合成材料粉尘（如塑料、染料）等。

粉尘的火灾爆炸事故多发生在煤矿、面粉厂、糖厂、纺织厂、硫黄厂、饲料加工厂、塑料厂、金属加工厂及粮库等企业。

可燃性粉尘在空气中悬浮，形成粉尘云。能燃烧和爆炸的粉尘叫作可燃粉尘。浮在空气中的粉尘叫作悬浮粉尘；沉降在固体壁面上的粉尘叫作沉积粉尘。

粉尘爆炸需要可燃物、助燃物、点火源三个条件。

（一）粉尘本身是可燃粉尘

可燃粉尘分有机粉尘和无机粉尘两类。有机粉尘如面粉、木粉和化学纤维粉等，无机粉尘包括金属粉尘和一部分矿物性粉尘。最常见的可燃粉尘有煤粉尘、土豆粉尘、玉米粉尘、铝粉尘、锌粉尘、镁粉尘和硫黄粉尘等。

（二）存在充足的空气和氧化剂

粉尘必须悬浮在助燃气体中（如空气），粉尘的浓度达到爆炸极限。粉尘在助燃气体中悬浮是由于粉碎、研磨、输送、通风等机械作用造成的。大粒径的粉尘一般沉降为只有燃烧能力的沉积粉尘，只有小粒径的粉尘才能在助燃气体中悬浮。

粉尘粒径越小，爆炸下限越低；氧浓度越高，爆炸下限越低；可燃挥发分含量越高，粉尘爆炸下限越低。

（三）点火源

外界的点火源能量超过粉尘最小点火能量或温度超过其自燃点就会爆炸。此外，易产生静电的设备未能妥善接地或电气及其配线连接处产生电火花，尤其是粉碎机的进料未经筛选，致使铁物混入，产生碰撞性火星，皆可引发粉尘爆炸。

二、粉尘爆炸的特点

1. 多次爆炸　多次爆炸是粉尘爆炸的最大特点。第一次爆炸气浪会把沉积在设备或地面上的粉尘吹扬起来,在爆炸后短时间内爆炸中心区会形成负压,周围的新鲜空气便由外向内填补进来,与扬起的粉尘混合,从而引发二次爆炸。第二次爆炸时,粉尘浓度会更高。

2. 粉尘爆炸所需的最小点火能量较高,一般在几十毫焦耳以上。

3. 与可燃性气体爆炸相比,粉尘爆炸压力上升较缓慢,较高压力持续时间长,释放的能量大,破坏力强。

三、粉尘爆炸的主要危害

(一)具有极强的破坏性

粉尘爆炸涉及的范围很广,煤炭、化工、医药加工、木材加工、粮食和饲料加工等部门都可能发生。

(二)容易产生二次爆炸

第二次爆炸时,粉尘浓度一般比第一次爆炸时高得多,故第二次爆炸威力比第一次要大得多。

(三)能产生有毒气体

一种是一氧化碳;另一种是爆炸物(如塑料)自身分解的毒性气体。毒气的产生往往造成爆炸过后的大量人畜中毒伤亡。

四、预防粉尘爆炸的措施

(一)作业场所符合标准规范要求,严禁设置在违规多层房、安全间距不达标厂房和居民区内

1. 粉尘爆炸危险作业场所的厂房,必须满足《建筑设计防火规范》和《粉尘防爆安全规程》的要求。厂房宜采用单层设计,屋顶采用轻型结构。如厂房为多层设计,则应为框架结构,并保证四周墙体设有足够面积泄爆口,保证楼层之间隔板的强度能承受爆炸的冲击,保证一层以上楼层具有独立安全出口。

2. 粉尘爆炸危险作业场所的厂房应与其他厂房或建(构)筑物分离,其防火安全间距应符合《建筑设计防火规范》的相关规定。

3. 由于粉尘爆炸威力巨大,危害波及范围广,因此,粉尘爆炸危险作业场所严禁设置在居民区内。

(二)按标准规范设计、安装、使用和维护通风除尘系统。每班按规定检测和规范清理粉尘,在除尘系统停运期间和粉尘超标时严禁作业,并停产撤人

1. 通风除尘系统可有效降低作业场所粉尘浓度、减少作业现场粉尘沉积。企业应按照《建筑设计防火规范》《粉尘防爆安全规程》《粉尘爆炸危险场所用收尘器防爆导则》和《采暖通风与空气调节设计规范》等规定,对除尘系统进行设计、安装、使用和维护。

2. 粉尘爆炸危险作业场所除尘系统必须根据《粉尘防爆安全规程》规定,按工艺分片(分区)相对独立设置,所有产尘点均应装设吸尘罩,各除尘系统管网间禁止互通互连,防止连锁爆炸。

3. 为保证除尘器安全可靠运行,企业必须按照《粉尘爆炸危险场所用收尘器防爆导则》规定,对除尘系统的进出风口压差、进出风口和灰斗的温度等指标(参数)进行检测。按照《工作场

所空气中粉尘测定——第 1 部分:总粉尘浓度》规定对粉尘浓度进行检测。

4. 发现除尘系统管道和除尘器箱体内有粉尘沉积时,必须查明原因,及时规范清理。清理时应采用负压吸尘方式,避免粉尘飞扬。如必须采用喷吹方式,清灰气源应采用氮气、二氧化碳或其他惰性气体,以防止清灰过程粉尘爆炸。

5. 作业场所沉积的粉尘是引发连锁爆炸、大爆炸的主要因素,企业应按照《粉尘防爆安全规程》规定建立定期清扫粉尘制度,每班对作业现场及时全面规范清理。清扫粉尘时应采用措施防止粉尘二次扬起,最好采取负压方式清扫,严禁使用压缩空气吹扫。

6. 在除尘系统停运期间和作业岗位粉尘堆积严重(堆积厚度最厚处超过 1 mm)时,极易引发粉尘爆炸。因此,必须立即停止作业,将人员撤离作业岗位。

(三) 按规范使用防爆电气设备,落实防雷、防静电等措施,保证设备设施接地,严禁作业场所存在各类明火和违规使用作业工具

1. 粉尘爆炸危险作业场所应严禁各类明火和火花产生,使用防爆电气设备是防止电气火花的可靠措施。必须按《爆炸和火灾危险环境电力装置设计规范》和《危险场所电气防爆安全规范》规定安装、使用防爆电气设备。

2. 雷电放电过程中产生的巨大放电电流破坏力极大,也易诱发粉尘爆炸事故。粉尘爆炸危险作业场所的厂房(建构筑物)必须按《建筑物防雷设计规范》规定设置防雷系统,并可靠接地。

3. 粉料的输送、排出、混合、搅拌、过滤和固体的粉碎、研磨、筛分等,都会产生静电,可能引起粉尘燃烧或爆炸。粉尘爆炸危险作业场所的所有金属设备、装置外壳、金属管道、支架、构件、部件等,应按照《粉尘防爆安全规程》和《防静电事故通用导则》规定采取防静电接地。所有金属管道连接处(如法兰)应进行跨接。

4. 铁质器件之间碰撞、摩擦会产生火花。在粉尘爆炸危险作业场所,禁止违规使用易发生碰撞火花的铁质作业工具,检修时应使用防爆工具。尤其对于存在铝、镁、钛、锆等金属粉末的场所,应采取有效措施防止其与钢铁摩擦、撞击,产生火花。

(四) 配备铝镁等金属粉尘生产、收集、储存的防水防潮设施,严禁粉尘遇湿自燃

遇湿易燃金属粉尘有:锂、钠、钾、钙、钡、镁、镁合金、铝、铝镁、锌等。在这些金属粉尘的生产、收集、储存过程中,按照《粉尘防爆安全规程》规定采取防止粉料自燃措施,配备防水防潮设施,防止粉尘遇湿自燃进而引发粉尘爆炸与火灾事故。

(五) 严格执行安全操作规程和劳动防护制度,严禁员工培训不合格和不按规定佩戴使用防尘、防静电等劳保用品上岗

1. 安全操作规程主要包括通风除尘系统使用维护、粉尘清理作业、打磨抛光作业、检维修作业、动火作业等。

2. 按照《安全生产法》和《粉尘防爆安全规程》规定,存在粉尘爆炸危险作业场所的企业主要负责人和安全生产管理人员必须具备相应的粉尘防爆安全生产知识和管理能力。企业必须对所有员工进行安全生产和粉尘防爆教育,普及粉尘防爆知识和安全法规,使员工了解本企业粉尘爆炸危险场所的危险程度和防爆措施;对粉尘爆炸危险岗位的员工应进行专门的安全技术和业务培训,并经考试合格,方准上岗。

3. 现场作业人员长时间吸入粉尘易造成尘肺病或硅肺病。现场作业人员必须按规定佩戴使用防尘劳保用品上岗。为防止人体皮肤与衣服之间、衣服与衣服之间摩擦产生静电，粉尘爆炸危险作业场所员工禁止穿化纤类易产生静电的工装，按照《粉尘防爆安全规程》和《个体防护装备选用规则》规定，穿防静电工装。

第五节　有限空间作业安全防护技术

一、有限空间定义

有限空间是指封闭或者部分封闭，与外界相对隔离，出入口较为狭窄，作业人员不能长时间地在内部工作，自然通风不良，易造成有毒有害、易燃易爆物质积聚或者氧含量不足的空间。

二、有限空间类别

（一）密闭设备

如船舱、储罐、车载槽罐、反应塔（罐）、冷藏箱、压力容器、管道、烟道、锅炉等。

（二）地下有限空间

如地下管道、地下室、地下仓库、地下工程、暗沟、隧道、涵洞、地坑、废井、地窖、污水池（井）、沼气池、化粪池、下水道等。

（三）地上有限空间

如储藏室、酒精池、发酵池、垃圾站、温室、冷库、粮仓、料仓等。

三、有限空间作业的危害因素

有限空间作业属于高风险作业。有限空间的主要危险有害因素有缺氧窒息、一氧化碳中毒、挥发性有机溶剂中毒、可燃性气体爆炸、硫化氢中毒、粉尘爆炸等。

（一）中毒

有限空间容易积聚高浓度的有毒有害物质，引起作业人员中毒。有毒有害物质可能是原本存在于有限空间内的，也可能是作业过程中逐渐积聚的。常见的有硫化氢和一氧化碳。

硫化氢是无色、有臭鸡蛋味的窒息性毒气，是一种强烈的神经毒物，对黏膜有明显的刺激作用。一定浓度时可发生急性中毒，浓度极高时，可发生"电击样"死亡。硫化氢浓度极高时却无味，相对密度比空气重，易沉积于坑、池、井的底部。若工人进行整治沼泽地、沟渠、水井、下水道、隧道以及清除垃圾、污物、粪便、有机物腐败物质等作业时，则极有可能接触到硫化氢。

一氧化碳是无色、无味、无刺激性的气体，有爆炸性，是最常见的有害气体。接触一氧化碳的工业有：冶金炼钢、炼铁、炼焦、锻造和铸造；化学工业中合成氨、甲醛、甲醇、丙酮以及草酸等。这些岗位如违反操作规程发生事故或者管道漏气，均可使作业人员因一氧化碳浓度过高而发生急性中毒。急性一氧化碳中毒主要表现为急性脑缺氧引起的损害症状，少数患者可有迟发性神经精神症状。一般轻度中毒会出现作业人员剧烈头痛、眩晕、恶心、呕吐、全身乏力、精神不振等;重度一氧化碳中毒可导致作业人员浅、中、深度昏迷,严重的可导致死亡。

(二) 缺氧或窒息

空气中氧气浓度过低会引起缺氧。常见的有二氧化碳和惰性气体引起的缺氧。二氧化碳比空气重,在长期通风不良的各种矿井、地窖、船舱、冷库等场所内部,二氧化碳易挤占空间,造成氧气浓度低,引发缺氧。

另外,如氮气、氩气、氦气、水蒸气等惰性气体也会引起氧气缺乏。工业上常用惰性气体对反应釜、储罐、钢瓶等容器进行冲洗。如果容器内残留的惰性气体过多,当作业人员进入时,容易发生单纯性缺氧或窒息。甲烷、丙烷也可以导致作业人员缺氧或窒息。

(三) 燃爆及其他危害

当空气中存在易燃、易爆物质时,达到一定浓度遇火则会引起爆炸或者燃烧。此外,有限空间还可能发生坠落、溺水、物体打击等事故。

四、有限空间作业的安全保障措施

(一) 建立安全生产制度和规程

主要包括:

1. 有限空间作业安全责任制度。
2. 有限空间作业审批制度。
3. 有限空间作业现场安全管理制度。
4. 有限空间作业现场负责人、监护人员、作业人员、应急救援人员安全培训教育制度。
5. 有限空间作业应急管理制度。
6. 有限空间作业安全操作规程。

(二) 开展专项安全培训

从事有限空间作业的现场负责人、监护人员、作业人员、应急救援人员应参加专项安全培训。专项安全培训应当包括下列内容:

1. 有限空间作业的危险有害因素和安全防范措施。
2. 有限空间作业的安全操作规程。
3. 检测仪器、劳动防护用品的正确使用。
4. 紧急情况下的应急处置措施。

安全培训应当有专门记录,并由参加培训的人员签字确认。

(三) 有限空间辨识

企业应当对本企业的有限空间进行辨识,确定有限空间的数量、位置以及危险有害因素等基本情况,建立有限空间管理台账,并及时更新。

(四) 作业环境评估

企业实施有限空间作业前,应当对作业环境进行评估,分析存在的危险有害因素,提出消除、控制危害的措施,制定有限空间作业方案,并经本企业安全生产管理人员审核,负责人批准。

(五) 明确作业现场相关人员职责并告知其危险有害因素及防控措施

企业应按照有限空间作业方案,明确作业现场负责人、监护人员、作业人员及其安全职责。

企业实施有限空间作业前,应当将有限空间作业方案和作业现场可能存在的危险有害因素、防控措施告知作业人员。现场负责人应当监督作业人员按照方案进行作业准备。

有限空间作业结束后,作业现场负责人、监护人员应当清理作业现场,撤离作业人员。

(六) 采取可靠的隔断(隔离)措施

企业应当采取可靠的隔断(隔离)措施,将可能危及作业安全的设施设备、存在有毒有害物质的空间与作业地点隔开。

(七) 严格遵守"先通风、再检测、后作业"的原则

1. 有限空间作业检测指标包括氧浓度、易燃易爆物质(可燃性气体、爆炸性粉尘)浓度、有毒有害气体浓度。检测应当符合相关国家标准或者行业标准的规定。未经通风和检测合格,任何人员不得进入有限空间作业。检测时间不得早于作业开始前30分钟。检测人员进行检测时,应当记录检测的时间、地点、气体种类及浓度等信息。检测记录经检测人员签字后存档。检测人员应当采取相应的安全防护措施,防止中毒窒息等事故发生。

2. 有限空间内盛装或者残留的物料对作业存在危害时,作业人员应当在作业前对物料进行清洗、清空或者置换。经检测,有限空间的危险有害因素符合《工作场所有害因素职业接触限值第1部分:化学有害因素》(GBZ2.1)的要求后,方可进入有限空间作业。

3. 在有限空间作业过程中,企业应当采取通风措施,保持空气流通,禁止采用纯氧通风换气。发现通风设备停止运转、有限空间内氧含量浓度低于或者有毒有害气体浓度高于国家标准或者行业标准规定的限值时,企业必须立即停止有限空间作业,清点作业人员,撤离作业现场。

4. 在有限空间作业过程中,企业应当对作业场所中的危险有害因素进行定时检测或者连续监测。作业中断超过30分钟,作业人员再次进入有限空间作业前,应当重新通风,检测合格后方可进入。

(八) 照明灯具电压应当符合规定

有限空间作业场所的照明灯具电压应当符合《特低电压(ELV)限值》(GB/T 38058)等国家标准或者行业标准的规定;作业场所存在可燃性气体、粉尘的,其电气设施设备及照明灯具的防爆安全要求应当符合《爆炸性环境第1部分:设备通用要求》(GB3836.1)等国家标准或者行业标准的规定。

(九) 为作业人员提供符合国家标准或者行业标准规定的劳动防护用品

企业应当根据有限空间存在的危险有害因素的种类和危害程度,为作业人员提供符合国家标准或者行业标准规定的劳动防护用品,并教育监督作业人员正确佩戴与使用。

(十) 有限空间作业还应当符合的要求

企业有限空间作业还应当符合下列要求:

1. 保持有限空间出入口畅通。

2. 设置明显的安全警示标志和警示说明。

3. 作业前清点作业人员和工具、器具。

4. 作业人员与外部有可靠的通信联络。

5. 监护人员不得离开作业现场，并与作业人员保持联系。

6. 存在交叉作业时，采取避免互相伤害的措施。

有限空间作业结束后，作业现场负责人、监护人员应当对作业现场进行清理，撤离作业人员。

（十一）应急管理

企业应当根据本企业有限空间作业的特点，制定应急预案，并配备相关的呼吸器、防毒面罩、通信设备、安全绳索等应急装备和器材。有限空间作业的现场负责人、监护人员、作业人员和应急救援人员应当掌握相关应急预案内容，定期演练，提高应急处置能力。

有限空间作业中发生事故后，现场有关人员应当立即报警，禁止盲目施救。应急救援人员实施救援时，应当做好自身防护，佩戴必要的呼吸器具、救援器材。

（十二）有限空间作业发包方与承包方安全责任

企业将有限空间作业发包给其他单位实施的，应当发包给具备国家规定资质或者安全生产条件的承包方，并与承包方签订专门的安全生产管理协议或者在承包合同中明确各自的安全生产职责。企业应当对承包单位的安全生产工作统一协调、管理，定期进行安全检查，发现安全问题的，应当及时督促整改。

企业对其发包的有限空间作业安全承担主体责任。承包方对其承包的有限空间作业安全承担直接责任。

第六节　高处作业安全防护技术

随着经济的发展，需要从事的高处作业种类越来越多、高度越来越高，对高处作业人员的劳动保护问题也越来越受到重视。高处坠落是高处作业事故中比例最高、伤亡最严重的事故，因此，对高处作业的有关定义、分级等进行科学的探讨，作出确切的规定，是加强高处作业安全管理，减少这类事故发生的一个极其有效的措施。

一、高处作业基本概念

（一）高处作业定义

凡距离坠落高度基准面 2 m 及其以上有可能坠落的高处进行的作业，称为高处作业。

（二）坠落高度基准面

从作业位置到最低坠落着落点的水平面，称为坠落高度基准面。

（三）可能坠落范围

以作业位置为中心，可能坠落范围为半径划成的与水平面垂直的柱形空间。

（四）可能坠落范围半径

为确定可能坠落范围而规定的相对于作业位置的一段水平距离。可能坠落范围半径用米表示，其大小取决于与作业现场的地形、地势或建筑物分布等有关的基础高度，具体的规定是在统计了许多高处坠落事故案例的基础上作出的。

（五）基础高度

以作业位置为中心，6 m 为半径，划出的垂直于水平面的柱状空间内的最低处与作业位置的高度差。基础高度用米表示。

（六）高处作业高度

作业区各作业位置至相应坠落高度基准面的垂直距离中的最大值。作业高度用米表示。

（七）高处作业的分区

在其他条件相同的情况下，高度越高，坠落者受伤程度越严重。这一点，一方面可从事故分析中直接得出结论；另一方面，从力学观点分析，人体在高处坠落运动过程中，始终受到重力影响，其落地时的速度随着坠落高度的增加而增大。所以将高处作业按照高度分为 2 m 至 5 m、5 m 以上至 15 m、15 m 以上至 30 m 及 30 m 以上四个区段。

1. 2 m 至 5 m 高处作业　高处作业高度在 2 m 至 5 m 时，由于高度不太高，因高度造成的不安全因素可通过各种措施较容易地加以解决，所以在此高度范围内造成的事故，大部分是轻伤。

2. 5 m 以上至 15 m 高处作业　高处作业高度在 5 m 以上至 15 m 时，发生重伤的可能性较大，因此将 15 m 定为一个分界点。

3. 15 m 以上至 30 m 高处作业　高处作业高度在 15 m 以上至 30 m 时，发生的事故基本上是死亡事故。

4. 30 m 以上高处作业　30 m 以上高处作业发生的事故，从伤害严重性来看，又比 15 m 以上至 30 m 高处作业更为严重。当"高度"引起的危险性达到一个极端（即指最危险状态）时，就没有必要再细分。因此，将 30 m 以上的作业统统划为一个区段。

二、直接引起坠落的客观危险因素

由于工作的需要，有相当一部分高处作业条件比较特殊或恶劣，通常有 11 种能直接引起坠落的客观危险因素：

1. 阵风风力五级（风速 8.0 m/s）以上。

2. GB/T 4200 规定的 Ⅱ 级或 Ⅱ 级以上的高温作业。

3. 平均气温等于或低于 5 ℃ 的作业环境。

4. 接触冷水温度等于或低于 12 ℃ 的作业。

5. 作业场地有冰、雪、霜、水、油等易滑物。

6. 作业场所光线不足，能见度差。

7. 作业活动范围与危险电压带电体的距离小于表 6-4 的规定。

表 6-4　作业活动范围与危险电压带电体的距离

危险电压带电体的电压等级(kV)	距离(m)
≤10	1.7
35	2.0
63~110	2.5
220	4.0
330	5.0
500	6.0

8. 摆动,立足处不是平面或只有很小的平面,即任一边小于 500 mm 的矩形平面、直径小于 500 mm 的圆形平面或具有类似尺寸的其他形状的平面,致使作业者无法维持正常姿势。

9. GB3869 规定的Ⅲ级或Ⅱ级以上的体力劳动强度。

10. 存在有毒气体或空气中含氧量低于 0.195 的作业环境。

11. 可能会引起各种灾害事故的作业环境和抢救突然发生的各种灾害事故。

三、高处作业管理要求

(一)安全技术措施要求

登高作业中需要的各类安全技术措施,应事先计划,纳入生产准备。

(二)对生产组织人员的安全要求

1. 做好高处作业施工前的准备工作,遇恶劣天气(强风、暴雨、大雪)或作业场所及附近有危险因素(高压电线;有毒有害气体泄放;有高温蒸、烟气喷发的;施工现场有冰、雪、霜、水、油等易滑物)时,禁止安排施工。

2. 明确施工内容和作业顺序,落实施工所需的安全设施(脚手架、照明等),满足施工安全要求。

3. 凡施工中有上、下混合作业时,应事先协调联系,在作业期间明确各个岗位的职责范围,加强相互联系,做好协调工作。

4. 作业过程中应监督高处作业人员的不安全行为和物的不安全状态。

5. 作业结束后应督促作业人员做好施工现场的文明生产工作,并对施工安全设施进行检查,包括:安全栏杆、盖板、安全网及脚手架。

四、高处作业安全防护及要求

(一)必须遵守高空作业安全规定中"三个必有""六个不准""十不登高"的基本安全管理规定

1."三个必有"　① 有洞必有盖;② 有边必有栏;③ 洞边无盖无栏必有网。

2."六个不准"　① 不准往下乱抛物件;② 不准背向下扶梯;③ 不准穿拖鞋、凉鞋、高跟鞋;④ 不准嬉闹、睡觉;⑤ 不准身体靠在临时扶手或栏杆;⑥ 不准在安全带未挂牢时作业。

3."十不登高"　① 患有禁忌证不登高;② 未经认可或审批的不登高;③ 没戴好安全帽、系好安全带的不登高;④ 脚手板、跳板、梯子不符合安全要求不登高;⑤ 攀爬脚手架或设备不登高;⑥ 穿易滑鞋、携带笨重物件不登高;⑦ 石棉瓦上无垫脚板不登高;⑧ 高压线旁无隔离措施不登高;⑨ 酒后不登高;⑩ 照明不足不登高。

（二）不符合高处作业安全要求的材料、器具、工具、设备不得使用

（三）当接到管理、监督人员发出暂停作业指令时,作业人员应绝对服从

（四）无照明设施或光线阴暗的情况下,禁止高处作业。露天六级以上强风、大雨等恶劣天气,禁止露天悬空登高作业

（五）凡进入高处作业场所,一律要戴好安全帽。在 2 m 以上（含 2 m）的高处作业,在作业前必须系好安全带。水面高处作业,必须系好安全带和/或救生衣,必要时应架设安全网

（六）禁止上下垂直立体交叉作业,若必须垂直进行作业时,应采取可靠的隔离措施,人员上下行走必须按规定的路线上下

1. 使用梯子时,梯子上端应突出 600 mm 以上,并缚扎牢固,下端须采取防滑措施。

2. 上下梯子时,应扣好安全带、面向爬梯,做到"三点着力"（即两手两脚要保证有三肢受力）,不准一手拿物,一手抓扶梯,肩上不要负重,也不要在口袋里装手电或工具,如戴手套应戴五指手套。

3. 禁止两人同时在同一梯上下,或两人同时站在同一梯上作业,梯上有人不得移位。

4. 在脚手板上走动时,至少应用单手扶着扶手。

5. 脚手板等高处作业面,遇有水、油、泥、沙及其他易滑物应及时清除。

6. 作业场所不得攀上爬下、将扶手当梯子上下、奔跑、跳越、剧烈碰撞以及在管子等易滚动物件上行走。

7. 禁止在扶手和栏杆上站立或将扶手和栏杆当垫脚物,禁止将物件搁在扶手上或将电焊皮带、氧气天然气皮带及其他管线挂放在扶手上等。

8. 发现扶手有缺损或不牢固时,应通知有关人员尽快整修。

9. 高空作业、随身携带的工具、材料和其他物件必须放置稳妥,禁止上抛下掷。

10. 高空传接物件时,应做到从手交到手。上下传递物件时,必须使用强度足够的绳索,以免掉落。

（七）擦洗玻璃窗或挂横幅标语等非生产性工作时,必须佩戴安全带并挂牢

（八）凡是承载机械设备超过十五米高的脚手架,必须先经搭设部门设计,并经使用部门负责人审核后报安全主管审批方可搭设

（九）脚手架的搭设、使用及拆除符合规范要求

五、临边与洞口作业

（一）临边作业

1. 坠落高度基准面 2 m 及以上进行临边作业时,应在临空一侧设置防护栏杆,并应采用密目式安全立网或工具式栏板封闭。

2. 施工的楼梯口、楼梯平台和梯段边,应安装防护栏杆;外设楼梯口、楼梯平台和梯段边还应采用密目式安全立网封闭。

3. 建筑物外围边沿处,对没有设置外脚手架的工程,应设置防护栏杆;对有外脚手架的工程,应采用密目式安全立网全封闭。密目式安全立网应设置在脚手架外侧立杆上,并应与脚手杆紧密连接。

4. 施工升降机、龙门架和井架物料提升机等在建筑物间设置的停层平台两侧边,应设置防护栏杆、挡脚板,并应采用密目式安全立网或工具式栏板封闭。

5. 停层平台口应设置高度不低于 1.80 m 的楼层防护门,并应设置防外开装置。井架物料提升机通道中间,应分别设置隔离设施。

(二)洞口作业

1. 洞口作业时,应采取防坠落措施,并应符合下列规定:

(1)当竖向洞口短边边长小于 500 mm 时,应采取封堵措施;当垂直洞口短边边长大于或等于 500 mm 时,应在临空一侧设置高度不小于 1.2 m 的防护栏杆,并应采用密目式安全立网或工具式栏板封闭,设置挡脚板。

(2)当非竖向洞口短边边长为 25～500 mm 时,应采用承载力满足使用要求的盖板覆盖,盖板四周搁置应均衡,且应防止盖板移位。

(3)当非竖向洞口短边边长为 500～1 500 mm 时,应采用盖板覆盖或防护栏杆等措施,并应固定牢固。

(4)当非竖向洞口短边边长大于或等于 1 500 mm 时,应在洞口作业侧设置高度不小于 1.2 m 的防护栏杆,洞口应采用安全平网封闭。

2. 电梯井口应设置防护门,其高度不应小于 1.5 m,防护门底端距地面高度不应大于 50 mm,并应设置挡脚板。

3. 在电梯施工前,电梯井道内应每隔 2 层且不大于 10 m 加设一道安全平网。电梯井内的施工层上部,应设置隔离防护设施。

4. 洞口盖板应能承受不小于 1 kN 的集中荷载和不小于 2 kN/m² 的均布荷载,有特殊要求的盖板应另行设计。

5. 墙面等处落地的竖向洞口、窗台高度低于 800 mm 的竖向洞口及框架结构在浇筑完混凝土未砌筑墙体时的洞口,应按临边防护要求设置防护栏杆。

六、攀登作业

1. 攀登作业应借助施工通道、梯子及其他攀登设施和用具。

2. 攀登作业设施和用具应牢固可靠;当采用梯子攀爬作业时,踏面荷载不应大于 1.1 kN;当梯面上有特殊作业时,应按实际情况进行专项设计。

3. 同一梯子上不得两人同时作业。在通道处使用梯子作业时,应有专人监护或设置围栏。脚手架操作层上严禁架设梯子作业。

4. 便携式梯子宜采用金属材料或木材制作,并应符合现行国家标准《便携式金属梯安全要求》(GB12142)和《便携式木梯安全要求》(GB7059)的规定。

5. 使用单梯时梯面应与水平面成 75°夹角,踏步不得缺失,梯格间距宜为 300 mm,不得垫高使用。

6. 折梯张开到工作位置的倾角应符合现行国家标准《便携式金属梯安全要求》(GB12142)和《便携式木梯安全要求》(GB7059)的规定,并应有整体的金属撑杆或可靠的锁定装置。

7. 固定式直梯应采用金属材料制成,并应符合现行国家标准《固定式钢梯及平台安全要求 第 1 部分:钢直梯》(GB4053.1)的规定;梯子净宽应为 400~600 mm,固定直梯的支撑应采用不小于∟70×6 的角钢,埋设与焊接应牢固。直梯顶端的踏步应与攀登顶面齐平,并应加设 1.1~1.5 m 高的扶手。

8. 使用固定式直梯攀登作业时,当攀登高度超过 3 m 时,宜加设护笼;当攀登高度超过 8 m 时,应设置梯间平台。

9. 钢结构安装时,应使用梯子或其他登高设施攀登作业。坠落高度超过 2 m 时,应设置操作平台。

10. 当安装屋架时,应在屋脊处设置扶梯。扶梯踏步间距不应大于 400 mm。屋架杆件安装时搭设的操作平台,应设置防护栏杆或使用作业人员拴挂安全带的安全绳。

七、交叉作业

(一)一般规定

1. 交叉作业时,下层作业位置应处于上层作业的坠落半径之外,高空作业坠落半径应按表 6-5 确定。安全防护棚和警戒隔离区范围的设置应视上层作业高度确定,并应大于坠落半径。

表 6-5　坠落半径

序号	上层作业高度 h_b(m)	坠落半径(m)
1	$2 \leqslant h_b \leqslant 5$	3
2	$5 < h_b \leqslant 15$	4
3	$15 < h_b \leqslant 30$	5
4	$h_b > 30$	6

2. 交叉作业时,坠落半径内应设置安全防护棚或安全防护网等安全隔离措施。当尚未设置安全隔离措施时,应设置警戒隔离区,人员严禁进入隔离区。

3. 处于起重机臂架回转范围内的通道,应搭设安全防护棚。

4. 施工现场人员进出的通道口,应搭设安全防护棚。

5. 不得在安全防护棚棚顶堆放物料。

6. 当采用脚手架搭设安全防护棚架构时,应符合国家现行相关脚手架标准的规定。

7. 对不搭设脚手架和设置安全防护棚时的交叉作业,应设置安全防护网,当在多层、高层建筑外立面施工时,应在二层及每隔四层设一道固定的安全防护网,同时设一道随施工高度提升的安全防护网。

(二)安全措施

1. 安全防护棚搭设应符合下列规定：

（1）当安全防护棚为非机动车辆通行时，棚底至地面高度不应小于3 m；当安全防护棚为机动车辆通行时，棚底至地面高度不应小于4 m。

（2）当建筑物高度大于24 m并采用木质板搭设时，应搭设双层安全防护棚。两层防护的间距不应小于700 mm，安全防护棚的高度不应小于4 m。

（3）当安全防护棚的顶棚采用竹笆或木质板搭设时，应采用双层搭设，间距不应小于700 mm；当采用木质板或与其等强度的其他材料搭设时，可采用单层搭设，木板厚度不应小于50 mm。防护棚的长度应根据建筑物高度与可能坠落半径确定。

2. 安全防护网搭设应符合下列规定：

（1）安全防护网搭设时，应每隔3 m设一根支撑杆，支撑杆水平夹角不宜小于45°。

（2）当在楼层设支撑杆时，应预埋钢筋环或在结构内外侧各设一道横杆。

（3）安全防护网应外高里低，网与网之间应拼接严密。

第七章　生产安全事故应急处置

生产经营单位应当加强生产安全事故应急工作,建立、健全生产安全事故应急工作责任制,其主要负责人对本单位的生产安全事故应急工作全面负责。

第一节　应急准备

一、所有单位应当建立健全安全管理制度,定期检查本单位各项安全防范措施的落实情况,及时消除事故隐患;掌握并及时处理本单位存在的可能引发社会安全事件的问题,防止矛盾激化和事态扩大;对本单位可能发生的突发事件和采取安全防范措施的情况,应当按照规定及时向所在地人民政府或者人民政府有关部门报告。

二、制定应急救援预案

(一)生产经营单位应当针对本单位可能发生的生产安全事故的特点和危害,进行风险辨识和评估,制定相应的生产安全事故应急救援预案,并向本单位从业人员公布。

生产经营单位应当制定本单位生产安全事故应急救援预案,与所在地县级以上地方人民政府组织制定的生产安全事故应急救援预案相衔接。

公共交通工具、公共场所和其他人员密集场所的经营单位或者管理单位应当制定具体应急预案,为交通工具和有关场所配备报警装置和必要的应急救援设备、设施,注明其使用方法,并显著标明安全撤离的通道、路线,保证安全通道、出口的畅通。

有关单位应当定期检测、维护其报警装置和应急救援设备、设施,使其处于良好状态,确保正常使用。

(二)生产安全事故应急救援预案应当符合有关法律、法规、规章和标准的规定,具有科学性、针对性和可操作性,明确规定应急组织体系、职责分工以及应急救援程序和措施。

有下列情形之一的,生产安全事故应急救援预案制定单位应当及时修订相关预案:

1. 制定预案所依据的法律、法规、规章、标准发生重大变化。

2. 应急指挥机构及其职责发生调整。

3. 安全生产面临的风险发生重大变化。

4. 重要应急资源发生重大变化。

5. 在预案演练或者应急救援中发现需要修订预案的重大问题。

6. 其他应当修订的情形。

（三）矿山、建筑施工单位和易燃易爆物品、危险化学品、放射性物品等危险物品的生产、经营、储运、使用单位，应当制定具体应急预案，并对生产经营场所、有危险物品的建筑物、构筑物及周边环境开展隐患排查，及时采取措施消除隐患，防止发生突发事件。

易燃易爆物品、危险化学品等危险物品的生产、经营、储存、运输单位，矿山、金属冶炼、城市轨道交通运营、建筑施工单位，以及宾馆、商场、娱乐场所、旅游景区等人员密集场所经营单位，应当将其制定的生产安全事故应急救援预案按照国家有关规定报送县级以上人民政府负有安全生产监督管理职责的部门备案，并依法向社会公布。

（四）应急预案编制

1. **应急预案编制程序**　生产经营单位应急预案编制程序包括成立应急预案编制工作组、资料收集、风险评估、应急能力评估、编制应急预案和应急预案评审 6 个步骤。

（1）成立应急预案编制工作组：生产经营单位应结合本单位部门职能和分工，成立以单位主要负责人（或分管负责人）为组长，单位相关部门人员参加的应急预案编制工作组，明确工作职责和任务分工，制定工作计划，组织开展应急预案编制工作。

（2）资料收集：应急预案编制工作组应收集与预案编制工作相关的法律法规、技术标准、应急预案、国内外同行业企业事故资料，同时收集本单位安全生产相关技术资料、周边环境影响、应急资源等有关资料。

（3）风险评估：主要内容包括：

① 分析生产经营单位存在的危险因素，确定事故危险源。

② 分析可能发生的事故类型及后果，并指出可能产生的次生、衍生事故。

③ 评估事故的危害程度和影响范围，提出风险防控措施。

（4）应急能力评估：在全面调查和客观分析生产经营单位应急队伍、装备、物资等应急资源状况基础上开展应急能力评估，并依据评估结果，完善应急保障措施。

（5）编制应急预案：依据生产经营单位风险评估以及应急能力评估结果，组织编制应急预案。应急预案编制应注重系统性和可操作性，做到与相关部门和单位应急预案相衔接。

（6）应急预案评审：应急预案编制完成后，生产经营单位应组织评审。评审分为内部评审和外部评审，内部评审由生产经营单位主要负责人组织有关部门和人员进行。外部评审由生产经营单位组织外部有关专家和人员进行评审。应急预案评审合格后，由生产经营单位主要负责人（或分管负责人）签发实施，并进行备案管理。

2. **应急预案体系**　生产经营单位的应急预案体系主要由综合应急预案、专项应急预案和现场处置方案构成。生产经营单位应根据本单位组织管理体系、生产规模、危险源的性质以及可能发生的事故类型确定应急预案体系，并可根据本单位的实际情况，确定是否编制专项应急预案。风险因素单一的小微型生产经营单位可只编写现场处置方案。

（1）综合应急预案：综合应急预案是生产经营单位应急预案体系的总纲，主要从总体上阐述事故的应急工作原则,包括生产经营单位的应急组织机构及职责、应急预案体系、事故风险描述、预警及信息报告、应急响应、保障措施、应急预案管理等内容。

(2)专项应急预案:专项应急预案是生产经营单位为应对某一类型或某几种类型事故,或者针对重要生产设施、重大危险源、重大活动等内容而制定的应急预案。专项应急预案主要包括事故风险分析、应急指挥机构及职责、处置程序和措施等内容。

(3)现场处置方案:现场处置方案是生产经营单位根据不同事故类型,针对具体的场所、装置或设施所制定的应急处置措施,主要包括事故风险分析、应急工作职责、应急处置和注意事项等内容。生产经营单位应根据风险评估、岗位操作规程以及危险性控制措施,组织本单位现场作业人员及安全管理等专业人员共同编制现场处置方案。

3. 综合应急预案的编制

(1)总则

① 编制目的:简述应急预案编制的目的。

② 编制依据:简述应急预案编制所依据的法律、法规、规章、标准和规范性文件以及相关应急预案等。

③ 适用范围:说明应急预案适用的工作范围和事故类型、级别。

④ 应急预案体系:说明生产经营单位应急预案体系的构成情况,可用框图形式表述。

⑤ 应急预案工作原则:说明生产经营单位应急工作的原则,内容应简明扼要、明确具体。

(2)事故风险描述:简述生产经营单位存在或可能发生的事故风险种类、发生的可能性以及严重程度和影响范围等。

(3)应急组织机构及职责:明确生产经营单位的应急组织形式及组成单位或人员,可用结构图的形式表示,明确构成部门的职责。应急组织机构根据事故类型和应急工作需要,可设置相应的应急工作小组,并明确各小组的工作任务及职责。

(4)预警及信息报告

① 预警:根据生产经营单位检测监控系统数据变化状况、事故险情紧急程度和发展势态或有关部门提供的预警信息进行预警,明确预警的条件、方式、方法和信息发布的程序。

② 信息报告:信息报告程序主要包括:

a. 信息接收与通报:明确 24 小时应急值守电话、事故信息接收、通报程序和责任人。

b. 信息上报:明确事故发生后向上级主管部门、上级单位报告事故信息的流程、内容、时限和责任人。

c. 信息传递:明确事故发生后向本单位以外的有关部门或单位通报事故信息的方法、程序和责任人。

(5)应急响应

① 响应分级:针对事故危害程度、影响范围和生产经营单位控制事态的能力,对事故应急响应进行分级,明确分级响应的基本原则。

② 响应程序:根据事故级别的发展态势,描述应急指挥机构启动、应急资源调配、应急救援、扩大应急等响应程序。

③ 处置措施:针对可能发生的事故风险、事故危害程度和影响范围,制定相应的应急处置

措施,明确处置原则和具体要求。

④ 应急结束:明确现场应急响应结束的基本条件和要求。

(6) 信息公开:明确向有关新闻媒体、社会公众通报事故信息的部门、负责人和程序以及通报原则。

(7) 后期处置:主要明确污染物处理、生产秩序恢复、医疗救治、人员安置、善后赔偿、应急救援评估等内容。

(8) 保障措施

① 通信与信息保障:明确可为生产经营单位提供应急保障的相关单位及人员通信联系方式和方法,并提供备用方案。同时,建立信息通信系统及维护方案,确保应急期间信息通畅。

② 应急队伍保障:明确应急响应的人力资源,包括应急专家、专业应急队伍、兼职应急队伍等。

③ 物资装备保障:明确生产经营单位的应急物资和装备的类型、数量、性能、存放位置、运输及使用条件、管理责任人及其联系方式等内容。

④ 其他保障:根据应急工作需求而确定的其他相关保障措施(如:经费保障、交通运输保障、治安保障、技术保障、医疗保障、后勤保障等)。

(9) 应急预案管理

① 应急预案培训:明确对生产经营单位人员开展的应急预案培训计划、方式和要求,使有关人员了解相关应急预案内容,熟悉应急职责、应急程序和现场处置方案。如果应急预案涉及社区和居民,要做好宣传教育和告知等工作。

② 应急预案演练:明确生产经营单位不同类型应急预案演练的形式、范围、频次、内容以及演练评估、总结等要求。

③ 应急预案修订:明确应急预案修订的基本要求,并定期进行评审,实现可持续改进。

④ 应急预案备案:明确应急预案的报备部门,并进行备案。

⑤ 应急预案实施:明确应急预案实施的具体时间、负责制定与解释的部门。

4. 专项预案编制

(1) 事故风险分析:针对可能发生的事故风险,分析事故发生的可能性以及严重程度、影响范围等。

(2) 应急指挥机构及职责:根据事故类型,明确应急指挥机构总指挥、副总指挥以及各成员单位或人员的具体职责。应急指挥机构可以设置相应的应急救援工作小组,明确各小组的工作任务及主要负责人职责。

(3) 处置程序:明确事故及事故险情信息报告程序和内容、报告方式和责任等内容。根据事故响应级别,具体描述事故接警报告和记录、应急指挥机构启动、应急指挥、资源调配、应急救援、扩大应急等应急响应程序。

(4) 处置措施:针对可能发生的事故风险、事故危害程度和影响范围,制定相应的应急处置措施,明确处置原则和具体要求。

5. 处置方案编制

(1) 事故风险分析:主要包括:

① 事故类型。

② 事故发生的区域、地点或装置的名称。

③ 事故发生的可能时间、事故的危害严重程度及其影响范围。

④ 事故前可能出现的征兆。

⑤ 事故可能引发的次生、衍生事故。

(2) 应急工作职责：根据现场工作岗位、组织形式及人员构成，明确各岗位人员的应急工作分工和职责。

(3) 应急处置：主要包括以下内容：

① 事故应急处置程序：根据可能发生的事故及现场情况，明确事故报警、各项应急措施启动、应急救护人员的引导、事故扩大及同生产经营单位应急预案的衔接的程序。

② 现场应急处置措施：针对可能发生的火灾、爆炸、危险化学品泄漏、坍塌、水患、机动车辆伤害等，从人员救护、工艺操作、事故控制、消防、现场恢复等方面制定明确的应急处置措施。

③ 明确报警负责人以及报警电话及上级管理部门、相关应急救援单位联络方式和联系人员，事故报告基本要求和内容。

(4) 注意事项：主要包括：

① 佩戴个人防护器具方面的注意事项。

② 使用抢险救援器材方面的注意事项。

③ 采取救援对策或措施方面的注意事项。

④ 现场自救和互救注意事项。

⑤ 现场应急处置能力确认和人员安全防护等事项。

⑥ 应急救援结束后的注意事项。

⑦ 其他需要特别警示的事项。

6. 预案附件

(1) 有关应急部门、机构或人员的联系方式：列出应急工作中需要联系的部门、机构或人员的多种联系方式，当发生变化时及时进行更新。

(2) 应急物资装备的名录或清单：列出应急预案涉及的主要物资和装备名称、型号、性能、数量、存放地点、运输和使用条件、管理责任人和联系电话等。

(3) 规范化格式文本：应急信息接报、处理、上报等规范化格式文本。

(4) 关键的路线、标识和图纸：主要包括：

① 警报系统分布及覆盖范围。

② 重要防护目标、危险源一览表、分布图。

③ 应急指挥部位置及救援队伍行动路线。

④ 疏散路线、警戒范围、重要地点等的标识。

⑤ 相关平面布置图纸、救援力量的分布图纸等。

(5) 有关协议或备忘录：列出与相关应急救援部门签订的应急救援协议或备忘录。

三、应急演练

（一）应急演练目的

1. 检验预案　发现应急预案中存在的问题,提高应急预案的针对性、实用性和可操作性。

2. 完善准备　完善应急管理标准制度,改进应急处置技术,补充应急装备和物资,提高应急能力。

3. 磨合机制　完善应急管理部门、相关单位和人员的工作职责,提高协调配合能力。

4. 宣传教育　普及应急管理知识,提高参演和观摩人员风险防范意识和自救互救能力。

5. 锻炼队伍　熟悉应急预案,提高应急人员在紧急情况下妥善处置事故的能力。

（二）应急演练分类

1. 应急演练按照演练内容分为综合演练和单项演练。

2. 按照演练形式分为实战演练和桌面演练。

3. 按目的与作用分为检验性演练、示范性演练和研究性演练,不同类型的演练可相互组合。

（三）应急演练工作原则

应急演练应遵循以下原则:

1. 符合相关规定　按照国家相关法律法规、标准及有关规定组织开展演练。

2. 依据预案演练　结合生产面临的风险及事故特点,依据应急预案组织开展演练。

3. 注重能力提高　突出以提高指挥协调能力、应急处置能力和应急准备能力组织开展演练。

4. 确保安全有序　在保证参演人员、设备设施及演练场所安全的条件下组织开展演练。

（四）应急演练基本流程

应急演练实施基本流程包括计划、准备、实施、评估总结、持续改进五个阶段。

（五）应急演练频次

1. 生产经营单位每年至少组织一次事故应急救援演练。

2. 易燃易爆物品、危险化学品等危险物品的生产、经营、储存、运输单位,矿山、金属冶炼、城市轨道交通运营、建筑施工单位,以及宾馆、商场、娱乐场所、旅游景区等人员密集场所经营单位,应当至少每半年组织一次生产安全事故应急救援预案演练,并将演练情况报送所在地县级以上地方人民政府负有安全生产监督管理职责的部门。

四、应急救援队伍

1. 易燃易爆物品、危险化学品等危险物品的生产、经营、储存、运输单位,矿山、金属冶炼、城市轨道交通运营、建筑施工单位,以及宾馆、商场、娱乐场所、旅游景区等人员密集场所经营单位,应当建立应急救援队伍。其中,小型企业或者微型企业等规模较小的生产经营单位,可以不建立应急救援队伍,但应当指定兼职的应急救援人员,并且可以与邻近的应急救援队伍签订应急救援协议。

工业园区、开发区等产业聚集区域内的生产经营单位,可以联合建立应急救援队伍。

2. 应急救援队伍的应急救援人员应当具备必要的专业知识、技能、身体素质和心理素质。

应急救援队伍建立单位或者兼职应急救援人员所在单位应当按照国家有关规定对应急救援人员进行培训;应急救援人员经培训合格后,方可参加应急救援工作。

应急救援队伍应当配备必要的应急救援装备和物资,并定期组织训练。

3. 生产经营单位应当及时将本单位应急救援队伍建立情况按照国家有关规定报送县级以上人民政府负有安全生产监督管理职责的部门,并依法向社会公布。

五、应急救援装备和物资

易燃易爆物品、危险化学品等危险物品的生产、经营、储存、运输单位,矿山、金属冶炼、城市轨道交通运营、建筑施工单位,以及宾馆、商场、娱乐场所、旅游景区等人员密集场所经营单位,应当根据本单位可能发生的生产安全事故的特点和危害,配备必要的灭火、排水、通风以及危险物品稀释、掩埋、收集等应急救援器材、设备和物资,并进行经常性维护、保养,保证正常运转。

六、应急值班

下列单位应当建立应急值班制度,配备应急值班人员:

1. 危险物品的生产、经营、储存、运输单位以及矿山、金属冶炼、城市轨道交通运营、建筑施工单位;

2. 规模较大、危险性较高的易燃易爆物品、危险化学品等危险物品的生产、经营、储存、运输单位应当成立应急处置技术组,实行 24 小时应急值班。

七、生产经营单位应当对从业人员进行应急教育和培训,保证从业人员具备必要的应急知识,掌握风险防范技能和事故应急措施。

八、生产经营单位可以通过生产安全事故应急救援信息系统办理生产安全事故应急救援预案备案手续,报送应急救援预案演练情况和应急救援队伍建设情况;但依法需要保密的除外。

第二节　应急救援

一、受到自然灾害危害或者发生事故灾难、公共卫生事件的单位,应当立即组织本单位应急救援队伍和工作人员营救受害人员,疏散、撤离、安置受到威胁的人员,控制危险源,标明危险区域,封锁危险场所,并采取其他防止危害扩大的必要措施,同时向所在地县级人民政府报告;对因本单位的问题引发的或者主体是本单位人员的社会安全事件,有关单位应当按照规定上报情况,并迅速派出负责人赶赴现场开展劝解、疏导工作。

二、生产经营单位发生生产安全事故后,事故现场有关人员应当立即报告本单位负责人

单位负责人接到事故报告后,应当迅速采取有效措施,组织抢救,防止事故扩大,减少人员伤亡和财产损失,并按照国家有关规定立即如实报告当地负有安全生产监督管理职责的部门,不得隐瞒不报、谎报或者迟报,不得故意破坏事故现场、毁灭有关证据。

三、发生生产安全事故后,生产经营单位应当立即启动生产安全事故应急救援预案,采取下列一项或者多项应急救援措施,并按照国家有关规定报告事故情况

1. 迅速控制危险源,组织抢救遇险人员。
2. 根据事故危害程度,组织现场人员撤离或者采取可能的应急措施后撤离。
3. 及时通知可能受到事故影响的单位和人员。
4. 采取必要措施,防止事故危害扩大和次生、衍生灾害发生。
5. 根据需要请求邻近的应急救援队伍参加救援,并向参加救援的应急救援队伍提供相关技术资料、信息和处置方法。
6. 维护事故现场秩序,保护事故现场和相关证据。
7. 法律、法规规定的其他应急救援措施。

四、应急救援队伍接到有关人民政府及其部门的救援命令或者签有应急救援协议的生产经营单位的救援请求后,应当立即参加生产安全事故应急救援

应急救援队伍根据救援命令参加生产安全事故应急救援所耗费用,由事故责任单位承担;事故责任单位无力承担的,由有关人民政府协调解决。

五、发生生产安全事故后,有关人民政府认为有必要的,可以设立由本级人民政府及其有关部门负责人、应急救援专家、应急救援队伍负责人、事故发生单位负责人等人员组成的应急救援现场指挥部,并指定现场指挥部总指挥

现场指挥部实行总指挥负责制,按照本级人民政府的授权组织制定并实施生产安全事故现场应急救援方案,协调、指挥有关单位和个人参加现场应急救援。

参加生产安全事故现场应急救援的单位和个人应当服从现场指挥部的统一指挥。

第三节　生产安全事故报告和调查处理

一、事故报告

1. 事故发生后,事故现场有关人员应当立即向本单位负责人报告;单位负责人接到报告后,应当于1小时内向事故发生地县级以上人民政府应急管理部门和负有安全生产监督管理职责的有关部门报告。

情况紧急时,事故现场有关人员可以直接向事故发生地县级以上人民政府安全生产监督管理部门和负有安全生产监督管理职责的有关部门报告。

2. 报告事故应当包括下列内容:

(1) 事故发生单位概况;

(2) 事故发生的时间、地点以及事故现场情况;

(3) 事故的简要经过;

(4) 事故已经造成或者可能造成的伤亡人数(包括下落不明的人数)和初步估计的直接经济损失;

(5) 已经采取的措施;

(6) 其他应当报告的情况。

3. 事故报告后出现新情况的,应当及时补报。

自事故发生之日起 30 日内,事故造成的伤亡人数发生变化的,应当及时补报。道路交通事故、火灾事故自发生之日起 7 日内,事故造成的伤亡人数发生变化的,应当及时补报。

4. 事故发生单位负责人接到事故报告后,应当立即启动事故相应应急预案,或者采取有效措施,组织抢救,防止事故扩大,减少人员伤亡和财产损失。

5. 事故发生后,有关单位和人员应当妥善保护事故现场以及相关证据,任何单位和个人不得破坏事故现场、毁灭相关证据。

因抢救人员、防止事故扩大以及疏通交通等原因,需要移动事故现场物件的,应当做出标志,绘制现场简图并作出书面记录,妥善保存现场重要痕迹、物证。

二、事故调查

(一) 事故调查权限

特别重大事故由国务院或者国务院授权有关部门组织事故调查组进行调查。重大事故、较大事故、一般事故分别由事故发生地省级人民政府、设区的市级人民政府、县级人民政府负责调查。

未造成人员伤亡的一般事故,县级人民政府也可以委托事故发生单位组织事故调查组进行调查。

(二) 事故调查组职责

事故调查组履行下列职责:

1. 查明事故发生的经过、原因、人员伤亡情况及直接经济损失。

2. 认定事故的性质和事故责任。

3. 提出对事故责任者的处理建议。

4. 总结事故教训,提出防范和整改措施。

5. 提交事故调查报告。

(三) 提交事故调查报告时限

事故调查组应当自事故发生之日起 60 日内提交事故调查报告;特殊情况下,经负责事故调查的人民政府批准,提交事故调查报告的期限可以适当延长,但延长的期限最长不超过60日。

（四）事故调查报告内容

事故调查报告应当包括下列内容：

1. 事故发生单位概况。

2. 事故发生经过和事故救援情况。

3. 事故造成的人员伤亡和直接经济损失。

4. 事故发生的原因和事故性质。

5. 事故责任的认定以及对事故责任者的处理建议。

6. 事故防范和整改措施。

事故调查报告应当附具有关证据材料。事故调查组成员应当在事故调查报告上签名。

三、事故处理

（一）重大事故、较大事故、一般事故,负责事故调查的人民政府应当自收到事故调查报告之日起15日内做出批复；特别重大事故,30日内做出批复,特殊情况下,批复时间可以适当延长,但延长的时间最长不超过30日。

有关机关应当按照人民政府的批复,依照法律、行政法规规定的权限和程序,对事故发生单位和有关人员进行行政处罚,对负有事故责任的国家工作人员进行处分。

事故发生单位应当按照负责事故调查的人民政府的批复,对本单位负有事故责任的人员进行处理。负有事故责任的人员涉嫌犯罪的,依法追究刑事责任。

（二）事故发生单位应当认真吸取事故教训,落实防范和整改措施,防止事故再次发生。防范和整改措施的落实情况应当接受工会和职工的监督。

第八章　生产经营单位安全生产标准化

企业安全生产标准化是指企业通过落实安全生产主体责任和全员全过程参与,建立并保持安全生产管理体系,全面管控生产经营活动各环节的安全生产工作,实现安全管理系统化、岗位操作行为规范化、设备设施本质安全化、作业环境器具定置化,并持续改进。

本章简要介绍企业安全生产标准化工作的主要内容。

第一节　企业安全生产标准化工作的一般要求

一、原则

企业开展安全生产标准化工作,应遵循"安全第一、预防为主、综合治理"的方针,落实企业主体责任。以安全风险管理、隐患排查治理、职业病危害防治为基础,以安全生产责任制为核心,建立安全生产标准化管理体系,全面提升安全生产管理水平,持续改进安全生产工作,不断提升安全生产绩效,预防和减少事故的发生,保障人身安全健康,保证生产经营活动的有序进行。

二、建立和保持

企业应采用"策划、实施、检查、改进"的"PDCA"动态循环模式,依据本标准的规定,结合企业自身特点,自主建立并保持安全生产标准化管理体系;通过自我检查、自我纠正和自我完善,构建安全生产长效机制,持续提升安全生产绩效。

三、自评和评审

企业安全生产标准化管理体系的运行情况,采用企业自评和评审单位评审的方式进行评估。

第二节 企业安全生产标准化工作的核心要求

一、目标职责

(一)目标

企业应根据自身安全生产实际,制定文件化的总体和年度安全生产与职业卫生目标,并纳入企业总体生产经营目标。明确目标的制定、分解、实施、检查、考核等环节要求,并按照所属基层单位和部门在生产经营活动中所承担的职能,将目标分解为指标,确保落实。

企业应定期对安全生产与职业卫生目标、指标实施情况进行评估和考核,并结合实际及时进行调整。

(二)机构和职责

1. 机构设置 企业应落实安全生产组织领导机构,成立安全生产委员会,并应按照有关规定设置安全生产和职业卫生管理机构,或配备相应的专职或兼职安全生产和职业卫生管理人员,按照有关规定配备注册安全工程师,建立健全从管理机构到基层班组的管理网络。

2. 主要负责人及领导层职责 企业主要负责人全面负责安全生产和职业卫生工作,并履行相应责任和义务。

分管负责人应对各自职责范围内的安全生产和职业卫生工作负责。

各级管理人员应按照安全生产和职业卫生责任制的相关要求,履行其安全生产和职业卫生职责。

(三)全员参与

企业应建立健全安全生产和职业卫生责任制,明确各级部门和从业人员的安全生产和职业卫生职责,并对职责的适宜性、履行情况进行定期评估和监督考核。

企业应为全员参与安全生产和职业卫生工作创造必要的条件,建立激励约束机制,鼓励从业人员积极建言献策,营造自下而上、自上而下全员重视安全生产和职业卫生的良好氛围,不断改进和提升安全生产和职业卫生管理水平。

(四)安全生产投入

企业应建立安全生产投入保障制度,按照有关规定提取和使用安全生产费用,并建立使用台账。

企业应按照有关规定,为从业人员缴纳相关保险费用。企业宜投保安全生产责任保险。

(五)安全文化建设

企业应开展安全文化建设,确立本企业的安全生产和职业病危害防治理念及行为准则,并教育、引导全体人员贯彻执行。

企业开展安全文化建设活动,应符合 AQ/T 9004 的规定。

（六）安全生产信息化建设

企业应根据自身实际情况，利用信息化手段加强安全生产管理工作，开展安全生产电子台账管理、重大危险源监控、职业病危害防治、应急管理、安全风险管控和隐患自查自报、安全生产预测预警等信息系统的建设。

二、制度化管理

（一）法规标准识别

企业应建立安全生产和职业卫生法律法规、标准规范的管理制度，明确主管部门，确定获取的渠道、方式，及时识别和获取适用、有效的法律法规、标准规范，建立安全生产和职业卫生法律法规、标准规范清单和文本数据库。

企业应将适用的安全生产和职业卫生法律法规、标准规范的相关要求转化为本单位的规章制度、操作规程，并及时传达给相关从业人员，确保相关要求落实到位。

（二）规章制度

企业应建立健全安全生产和职业卫生规章制度，并征求工会及从业人员意见和建议，规范安全生产和职业卫生管理工作。

企业应确保从业人员及时获取制度文本。

企业安全生产和职业卫生规章制度包括但不限于下列内容：

1. 目标管理。
2. 安全生产和职业卫生责任制。
3. 安全生产承诺。
4. 安全生产投入。
5. 安全生产信息化。
6. "四新"（新技术、新材料、新工艺、新设备设施）管理。
7. 文件、记录和档案管理。
8. 安全风险管理、隐患排查治理。
9. 职业病危害防治。
10. 教育培训。
11. 班组安全活动。
12. 特种作业人员管理。
13. 建设项目安全设施、职业病防护设施"三同时"管理。
14. 设备、设施管理。
15. 施工和检维修安全管理。
16. 危险物品管理。
17. 危险作业安全管理。
18. 安全警示标志管理。
19. 安全预测、预警。

20. 安全生产奖惩管理。

21. 相关方安全管理。

22. 变更管理。

23. 个体防护用品管理。

24. 应急管理。

25. 事故管理。

26. 安全生产报告。

27. 绩效评定管理。

（三）操作规程

企业应按照有关规定,结合本企业生产工艺、作业任务特点以及岗位作业安全风险与职业病防护要求,编制齐全适用的岗位安全生产和职业卫生操作规程,发放到相关岗位员工,并严格执行。

企业应确保从业人员参与岗位安全生产和职业卫生操作规程的编制和修订工作。

企业应在新技术、新材料、新工艺、新设备设施投入使用前,组织制（修）订相应的安全生产和职业卫生操作规程,确保其适宜性和有效性。

（四）文档管理

1. 记录管理　企业应建立文件和记录管理制度,明确安全生产和职业卫生规章制度、操作规程的编制、评审、发布、使用、修订、作废以及文件和记录管理的职责、程序和要求。

企业应建立健全主要安全生产和职业卫生过程与结果的记录,并建立和保存有关记录的电子档案,支持查询和检索,便于自身管理使用和行业主管部门调取检查。

2. 评估　企业应每年至少评估一次安全生产和职业卫生法律法规、标准规范、规章制度、操作规程的适用性、有效性和执行情况。

3. 修订　企业应根据评估结果、安全检查情况、自评结果、评审情况、事故情况等,及时修订安全生产和职业卫生规章制度、操作规程。

三、教育培训

（一）教育培训管理

企业应建立健全安全教育培训制度,按照有关规定进行培训。培训大纲、内容、时间应满足有关标准的规定。

企业安全教育培训应包括安全生产和职业卫生的内容。

企业应明确安全教育培训主管部门,定期识别安全教育培训需求,制定、实施安全教育培训计划,并保证必要的安全教育培训资源。

企业应如实记录全体从业人员的安全教育和培训情况,建立安全教育培训档案和从业人员个人安全教育培训档案,并对培训效果进行评估和改进。

（二）人员教育培训

1. 主要负责人和安全管理人员　企业的主要负责人和安全生产管理人员应具备与本企业

所从事的生产经营活动相适应的安全生产和职业卫生知识与能力。

企业应对各级管理人员进行教育培训,确保其具备正确执行岗位安全生产和职业卫生职责的知识与能力。

法律法规要求考核其安全生产和职业卫生知识与能力的人员,应按照有关规定经考核合格。

2. 从业人员　企业应对从业人员进行安全生产和职业卫生教育培训,保证从业人员具备满足岗位要求的安全生产和职业卫生知识,熟悉有关的安全生产和职业卫生法律法规、规章制度、操作规程,掌握本岗位的安全操作技能和职业危害防护技能、安全风险辨识和管控方法,了解事故现场应急处置措施,并根据实际需要,定期进行复训考核。

未经安全教育培训合格的从业人员,不应上岗作业。

煤矿、非煤矿山、危险化学品、烟花爆竹、金属冶炼等企业应对新上岗的临时工、合同工、劳务工、轮换工、协议工等进行强制性安全培训,保证其具备本岗位安全操作、自救互救以及应急处置所需的知识和技能后,方能安排上岗作业。

企业的新入厂(矿)从业人员上岗前应经过厂(矿)、车间(工段、区、队)、班组三级安全培训教育,岗前安全教育培训学时和内容应符合国家和行业的有关规定。

在新工艺、新技术、新材料、新设备设施投入使用前,企业应对有关从业人员进行专门的安全生产和职业卫生教育培训,确保其具备相应的安全操作、事故预防和应急处置能力。

从业人员在企业内部调整工作岗位或离岗一年以上重新上岗时,应重新进行车间(工段、区、队)和班组级的安全教育培训。

从事特种作业、特种设备作业的人员应按照有关规定,经专门安全作业培训、考核合格,取得相应资格后,方可上岗作业,并定期接受复审。

企业专职应急救援人员应按照有关规定,经专门应急救援培训,考核合格后,方可上岗,并定期参加复训。

其他从业人员每年应接受再培训,再培训时间和内容应符合国家和地方政府的有关规定。

3. 其他人员教育培训　企业应对进入企业从事服务和作业活动的承包商、供应商的从业人员和接收的中等职业学校、高等学校实习生,进行入厂(矿)安全教育培训,并保存记录。

外来人员进入作业现场前,应由作业现场所在单位对其进行安全教育培训,并保存记录。主要内容包括:外来人员入厂(矿)有关安全规定、可能接触到的危害因素、所从事作业的安全要求、作业安全风险分析及安全控制措施、职业病危害防护措施、应急知识等。

企业应对进入企业检查、参观、学习等外来人员进行安全教育,主要内容包括:安全规定、可能接触到的危险有害因素、职业病危害防护措施、应急知识等。

四、现场管理

(一)设备设施管理

1. 设备设施建设　企业总平面布置应符合 GB50187 的规定,建筑设计防火和建筑灭火器配置应分别符合 GB50016 和 GB50140 的规定;建设项目的安全设施和职业病防护设施应与建设项目主体工程同时设计、同时施工、同时投入生产和使用。

企业应按照有关规定进行建设项目安全生产、职业病危害评价,严格履行建设项目安全设施和职业病防护设施设计审查、施工、试运行、竣工验收等管理程序。

2. 设备设施验收 企业应执行设备设施采购、到货验收制度,购置、使用设计符合要求、质量合格的设备设施。设备设施安装后企业应进行验收,并对相关过程及结果进行记录。

3. 设备设施运行 企业应对设备设施进行规范化管理,建立设备设施管理台账。

企业应有专人负责管理各种安全设施以及检测与监测设备,定期检查维护并做好记录。

企业应针对高温、高压和生产、使用、储存易燃、易爆、有毒、有害物质等高风险设备,以及海洋石油开采特种设备和矿山井下特种设备,建立运行、巡检、保养的专项安全管理制度,确保其始终处于安全可靠的运行状态。

安全设施和职业病防护设施不应随意拆除、挪用或弃置不用;确因检维修拆除的,应采取临时安全措施,检维修完毕后立即复原。

4. 设备设施检维修 企业应建立设备设施检维修管理制度,制定综合检维修计划,加强日常检维修和定期检维修管理,落实"五定"原则,即定检维修方案、定检维修人员、定安全措施、定检维修质量、定检维修进度,并做好记录。

检维修方案应包含作业安全风险分析、控制措施、应急处置措施及安全验收标准。检维修过程中应执行安全控制措施,隔离能量和危险物质,并进行监督检查,检维修后应进行安全确认。检维修过程中涉及危险作业的,应按照规定执行。

5. 检测检验 特种设备应按照有关规定,委托具有专业资质的检测、检验机构进行定期检测、检验。涉及人身安全、危险性较大的海洋石油开采特种设备和矿山井下特种设备,应取得矿用产品安全标志或相关安全使用证。

6. 设备设施拆除、报废 企业应建立设备设施报废管理制度。设备设施的报废应办理审批手续,在报废设备设施拆除前应制定方案,并在现场设置明显的报废设备设施标志。报废、拆除涉及许可作业的,应按照作业环境和作业条件的要求执行,并在作业前对相关作业人员进行培训和安全技术交底。报废、拆除应按方案和许可内容组织落实。

(二) 作业安全

1. 作业环境和作业条件 企业应事先分析和控制生产过程及工艺、物料、设备设施、器材、通道、作业环境等存在的安全风险。

生产现场应实行定置管理,保持作业环境整洁。

生产现场应配备相应的安全、职业病防护用品(具)及消防设施与器材,按照有关规定设置应急照明、安全通道,并确保安全通道畅通。

企业应对临近高压输电线路作业、危险场所动火作业、有(受)限空间作业、临时用电作业、爆破作业、封道作业等危险性较大的作业活动,实施作业许可管理,严格履行作业许可审批手续。作业许可应包含安全风险分析、安全及职业病危害防护措施、应急处置等内容。作业许可实行闭环管理。

企业应对作业人员的上岗资格、条件等进行作业前的安全检查,做到特种作业人员持证上岗,并安排专人进行现场安全管理,确保作业人员遵守岗位操作规程和落实安全及职业病危害防护措施。

企业应采取可靠的安全技术措施,对设备能量和危险有害物质进行屏蔽或隔离。

两个以上作业队伍在同一作业区域内进行作业活动时,不同作业队伍相互之间应签订管理协议,明确各自的安全生产、职业卫生管理职责和采取的有效措施,并指定专人进行检查与协调。

危险化学品生产、经营、储存和使用单位的特殊作业,应符合 GB30871 的规定。

2. 作业行为　企业应依法合理进行生产作业组织和管理,加强对从业人员作业行为的安全管理,对设备设施、工艺技术以及从业人员作业行为等进行安全风险辨识,采取相应的措施,控制作业行为安全风险。

企业应监督、指导从业人员遵守安全生产和职业卫生规章制度、操作规程,杜绝违章指挥、违规作业和违反劳动纪律的"三违"行为。

企业应为从业人员配备与岗位安全风险相适应的、符合 GB/T 11651 规定的个体防护装备与用品,并监督、指导从业人员按照有关规定正确佩戴、使用、维护、保养和检查个体防护装备与用品。

3. 岗位达标　企业应建立班组安全活动管理制度,开展岗位达标活动,明确岗位达标的内容和要求。

从业人员应熟练掌握本岗位安全职责、安全生产和职业卫生操作规程、安全风险及管控措施、防护用品使用、自救互救及应急处置措施。

各班组应按照有关规定开展安全生产和职业卫生教育培训、安全操作技能训练、岗位作业危险预知、作业现场隐患排查、事故分析等工作,并做好记录。

4. 相关方　企业应建立承包商、供应商等安全管理制度,将承包商、供应商等相关方的安全生产和职业卫生纳入企业内部管理,对承包商、供应商等相关方的资格预审、选择、作业人员培训、作业过程检查监督、提供的产品与服务、绩效评估、续用或退出等进行管理。

企业应建立合格承包商、供应商等相关方的名录和档案,定期识别服务行为安全风险,并采取有效的控制措施。

企业不应将项目委托给不具备相应资质或安全生产、职业病防护条件的承包商、供应商等相关方。企业应与承包商、供应商等签订合作协议,明确规定双方的安全生产及职业病防护的责任和义务。

企业应通过供应链关系促进承包商、供应商等相关方达到安全生产标准化要求。

(三)职业健康

1. 基本要求　企业应为从业人员提供符合职业卫生要求的工作环境和条件,为解除职业危害的从业人员提供个人使用的职业病防护用品,建立、健全职业卫生档案和健康监护档案。

产生职业病危害的工作场所应设置相应的职业病防护设施,并符合 GBZ1 的规定。

企业应确保使用有毒、有害物品的作业场所与生活区、辅助生产区分开,作业场所不应住人;将有害作业与无害作业分开,高毒工作场所与其他工作场所隔离。

对可能发生急性职业危害的有毒、有害工作场所,应设置检验报警装置,制定应急预案,配置现场急救用品、设备,设置应急撤离通道和必要的泄险区,定期检查监测。

企业应组织从业人员进行上岗前、在岗期间、特殊情况应急后和离岗时的职业健康检查,将检查结果书面告知从业人员并存档。对检查结果异常的从业人员,应及时就医,并定期复查。企业不应安排未经职业健康检查的从业人员从事接触职业病危害的作业;不应安排有职业禁忌的从业人员从事禁忌作业。从业人员的职业健康监护应符合 GBZ188 的规定。

各种防护用品、各种防护器具应定点存放在安全、便于取用的地方,建立台账,并有专人负责保管,定期校验、维护和更换。

涉及放射工作场所和放射性同位素运输、储存的企业,应配置防护设备和报警装置,为接触放射线的从业人员佩戴个人剂量计。

2. 职业危害告知　企业与从业人员订立劳动合同时,应将工作过程中可能产生的职业危害及其后果和防护措施如实告知从业人员,并在劳动合同中写明。

企业应按照有关规定,在醒目位置设置公告栏,公布有关职业病防治的规章制度、操作规程、职业病危害事故应急救援措施和工作场所职业病危害因素检测结果。对存在或产生职业病危害的工作场所、作业岗位、设备、设施,应在醒目位置设置警示标识和中文警示说明;使用有毒物品作业场所,应设置黄色区域警示线、警示标识和中文警示说明,高毒作业场所应设置红色区域警示线、警示标识和中文警示说明,并设置通讯报警设备。高毒物品作业岗位职业病危害告知应符合 GBZ/T 203 的规定。

3. 职业病危害申报　企业应按照有关规定,及时、如实向所在地安全生产监督管理部门申报职业病危害项目,并及时更新信息。

4. 职业病危害检测与评价　企业应改善工作场所职业卫生条件,控制职业病危害因素浓(强)度不超过 GBZ2.1、GBZ2.2 规定的限值。

企业应对工作场所职业病危害因素进行日常监测,并保存监测记录。存在职业病危害的,应委托具有相应资质的职业卫生技术服务机构进行定期检测,每年至少进行一次全面的职业病危害因素检测;职业病危害严重的,应委托具有相应资质的职业卫生技术服务机构,每 3 年至少进行一次职业病危害现状评价。检测、评价结果存入职业卫生档案,并向安全监管部门报告,向从业人员公布。

定期检测结果中职业病危害因素浓度或强度超过职业接触限值的,企业应根据职业卫生技术服务机构提出的整改建议,结合本单位的实际情况,制定切实有效的整改方案,立即进行整改。整改落实情况应有明确的记录并存入职业卫生档案备查。

(四) 警示标志

企业应按照有关规定和工作场所的安全风险特点,在有重大危险源、较大危险因素和严重职业病危害因素的工作场所,设置明显的、符合有关规定要求的安全警示标志和职业病危害警示标识。其中,警示标识的安全色和安全标志应分别符合 GB2893 和 GB2894 的规定,道路交通标志和标线应符合 GB5768(所有部分)的规定,工业管道安全标识应符合 GB7231 的规定,消防安全标志应符合 GB13495.1 的规定,工作场所职业病危害警示标识应符合 GBZ158 的规定。安全警示标志和职业病危害警示标识应标明安全风险内容、危险程度、安全距离、防控办法、应急措施等内容,在有重大隐患的工作场所和设备设施上设置安全警示标识,标明治理责任、期限及应急措施;在有安全风险的工作岗位设置安全告知卡,告知从业人员本企业、本岗位主要危险有害因素、后果、事故预防及应急措施、报告电话等内容。

企业应定期对警示标志进行检查维护,确保其完好有效。

企业应在设备设施施工、吊装、检维修等作业现场设置警戒区域和警示标志,在检维修现场的坑、井、渠、沟、陡坡等场所设置围栏和警示标志,进行危险提示、警示,告知危险的种类、后果及应急措施等。

五、安全风险管控及隐患排查治理

(一)安全风险管理

1. 安全风险辨识　企业应建立安全风险辨识管理制度,组织全员对本单位安全风险进行全面、系统的辨识。

安全风险辨识范围应覆盖本单位的所有活动及区域,并考虑正常、异常和紧急三种状态及过去、现在和将来三种时态。安全风险辨识应采用适宜的方法和程序,且与现场实际相符。

企业应对安全风险辨识资料进行统计、分析、整理和归档。

2. 安全风险评估　企业应建立安全风险评估管理制度,明确安全风险评估的目的、范围、频次、准则和工作程序等。

企业应选择合适的安全风险评估方法,定期对所辨识出的存在安全风险的作业活动、设备设施、物料等进行评估。在进行安全风险评估时,至少应从影响人、财产和环境三个方面的可能性和严重程度进行分析。

矿山、金属冶炼和危险物品生产、储存企业,每3年应委托具备规定资质条件的专业技术服务机构对本企业的安全生产状况进行安全评价。

3. 安全风险控制　企业应选择工程技术措施、管理控制措施、个体防护措施等,对安全风险进行控制。

企业应根据安全风险评估结果及生产经营状况等,确定相应的安全风险等级,对其进行分级分类管理,实施安全风险差异化动态管理,制定并落实相应的安全风险控制措施。

企业应将安全风险评估结果及所采取的控制措施告知相关从业人员,使其熟悉工作岗位和作业环境中存在的安全风险,掌握、落实应采取的控制措施。

4. 变更管理　企业应制定变更管理制度。变更前应对变更过程及变更后可能产生的安全风险进行分析,制定控制措施,履行审批及验收程序,并告知和培训相关从业人员。

(二)重大危险源辨识和管理

企业应建立重大危险源管理制度,全面辨识重大危险源,对确认的重大危险源制定安全管理技术措施和应急预案。

涉及危险化学品的企业应按照GB18218的规定,进行重大危险源辨识和管理。

企业应对重大危险源进行登记建档,设置重大危险源监控系统,进行日常监控,并按照有关规定向所在地安全监管部门备案。重大危险源安全监控系统应符合AQ3035的技术规定。

含有重大危险源的企业应将监控中心(室)视频监控资料、数据监控系统状态数据和监控数据与有关监管部门监管系统联网。

(三)隐患排查治理

1. 隐患治理　企业应建立隐患排查治理制度,逐渐建立并落实从主要负责人到每位从业人员的隐患排查治理和防控责任制。并按照有关规定组织开展隐患排查治理工作,及时发现并消除隐患,实行隐患闭环管理。

企业应依据有关法律法规、标准规范等,组织制定各部门、岗位、场所、设备设施的隐患排查治理标准或排查清单,明确隐患排查的时限、范围、内容和要求,并组织开展相应的培训。隐患排查的范围应包括所有与生产经营相关的场所、人员、设备设施和活动,包括承包商和供应商等相关服务范围。

企业应按照有关规定,结合安全生产的需要和特点,采用综合检查、专业检查、季节性检查、节假日检查、日常检查等不同方式进行隐患排查。对排查出的隐患,按照隐患的等级进行记录,建立隐患信息档案,并按照职责分工实施监控治理。组织有关人员对本企业可能存在的重大隐患作出认定,并按照有关规定进行管理。

企业应将相关方排查出的隐患统一纳入本企业隐患管理。

2. 隐患治理　企业应根据隐患排查的结果,制定隐患治理方案,对隐患及时进行治理。

企业应按照责任分工立即或限期组织整改一般隐患。主要负责人应组织制定并实施重大隐患治理方案。治理方案应包括目标和任务、方法和措施、经费和物资、机构和人员、时限和要求以及应急预案。

企业在隐患治理过程中,应采取相应的监控防范措施。隐患排除前或排除过程中无法保证安全的,应从危险区域内撤出作业人员,疏散可能危及的人员,设置警戒标志,暂时停产停业或停止使用相关设备、设施。

3. 验收与评估　隐患治理完成后,企业应按照有关规定对治理情况进行评估、验收。重大隐患治理完成后,企业应组织本企业的安全管理人员和有关技术人员进行验收或委托依法设立的为安全生产提供技术、管理服务的机构进行评估。

4. 信息记录、通报和报送　企业应如实记录隐患排查治理情况,至少每月进行统计分析,及时将隐患排查治理情况向从业人员通报。

企业应运用隐患自查、自改、自报信息系统,通过信息系统对隐患排查、报告、治理、销账等过程进行电子化管理和统计分析,并按照当地安全监管部门和有关部门的要求,定期或实时报送隐患排查治理情况。

(四)预测预警

企业应根据生产经营状况、安全风险管理及隐患排查治理、事故等情况,运用定量或定性的安全生产预测预警技术,建立体现企业安全生产状况及发展趋势的安全生产预测预警体系。

六、应急管理

(一)应急准备

1. 应急救援组织　企业应按照有关规定建立应急管理组织机构或指定专人负责应急管理工作,建立与本企业安全生产特点相适应的专(兼)职应急救援队伍。按照有关规定可以不单独建立应急救援队伍的,应指定兼职救援人员,并与邻近专业应急救援队伍签订应急救援服务协议。

2. 应急预案　企业应在开展安全风险评估和应急资源调查的基础上,建立生产安全事故应急预案体系,制定符合 GB/T 29639 规定的生产安全事故应急预案,针对安全风险较大的重点场所(设施)制定现场处置方案,并编制重点岗位、人员应急处置卡。

企业应按照有关规定将应急预案报当地主管部门备案,并通报应急救援队伍、周边企业等有关应急协作单位,企业应定期评估应急预案,及时根据评估结果或实际情况的变化进行修订和完善,并按照有关规定将修订的应急预案及时报当地主管部门备案。

3. 应急设施、装备、物资　企业应根据可能发生的事故种类特点,按照规定设置应急设施,配备应急装备,储备应急物资,建立管理台账,安排专人管理,并定期检查、维护、保养,确保其完好、可靠。

4. 应急演练　企业应按照 AQ/T 9007 的规定定期组织公司(厂、矿)、车间(工段、区、队)、班组开展生产安全事故应急演练,做到一线从业人员参与应急演练全覆盖,并按照 AQ/T 9009 的规定对演练进行总结和评估,根据评估结论和演练发现的问题,修订、完善应急预案,改进应急准备工作。

5. 应急救援信息系统建设　矿山、金属冶炼等企业,生产、经营、运输、储存、使用危险物品或处置废弃危险物品的生产经营单位,应建立生产安全事故应急救援信息系统,并与所在地县级以上地方人民政府负有安全生产监督管理职责部门的安全生产应急管理信息系统互联互通。

(二) 应急处置

发生事故后,企业应根据预案要求,立即启动应急响应程序,按照有关规定报告事故情况,并开展先期处置:

发出警报,在不危及人身安全时,现场人员采取阻断或隔离事故源、危险源等措施;严重危及人身安全时,迅速停止现场作业,现场人员采取必要的或可能的应急措施后撤离危险区域。

立即按照有关规定和程序报告本企业有关负责人,有关负责人应立即将事故发生的时间、地点、当前状态等简要信息向所在地县级以上地方人民政府负有安全生产监督管理职责的有关部门报告,并按照有关规定及时补报、续报有关情况;情况紧急时,事故现场有关人员可以直接向有关部门报告;对可能引发次生事故灾害的,应及时报告相关主管部门。

研判事故危害及发展趋势,将可能危及周边生命、财产、环境安全的危险性和防护措施等告知相关单位与人员;遇到重大紧急情况时,应立即封闭事故现场,通知本单位从业人员和周边人员疏散,采取转移重要物资、避免或减轻环境危害等措施。

请求周边应急救援队伍参加事故救援,维护事故现场秩序,保护事故现场证据。准备事故救援技术资料,做好向所在地人民政府及其负有安全生产监督管理职责的部门移交救援工作指挥权的各项准备。

(三) 应急评估

企业应对应急准备、应急处置工作进行评估。

矿山、金属冶炼等企业,生产、经营、运输、储存、使用危险物品或处置废弃危险物品的企业,应每年进行一次应急准备评估。

完成险情或事故应急处置后,企业应主动配合有关组织开展应急处置评估。

七、事故查处

（一）报告

企业应建立事故报告程序,明确事故内外部报告的责任人、时限、内容等,并教育、指导从业人员严格按照有关规定的程序报告发生的生产安全事故。

企业应妥善保护事故现场以及相关证据。

事故报告后出现新情况的,应当及时补报。

（二）调查和处理

企业应建立内部事故调查和处理制度,按照有关规定、行业标准和国际通行做法,将造成人员伤亡(轻伤、重伤、死亡等人身伤害和急性中毒)和财产损失的事故纳入事故调查和处理范畴。

企业发生事故后,应及时成立事故调查组,明确其职责与权限,进行事故调查。事故调查应查明事故发生的时间、经过、原因、波及范围、人员伤亡情况及直接经济损失等。

事故调查组应根据有关证据、资料,分析事故的直接、间接原因和事故责任,提出应吸取的教训、整改措施和处理建议,编制事故调查报告。

企业应开展事故案例警示教育活动,认真吸取事故教训,落实防范和整改措施,防止类似事故再次发生。

企业应根据事故等级,积极配合有关人民政府开展事故调查。

（三）管理

企业应建立事故档案和管理台账,将承包商、供应商等相关方在企业内部发生的事故纳入本企业事故管理。

企业应按照 GB6441、GB/T15499 的有关规定和国家、行业确定的事故统计指标开展事故统计分析。

八、持续改进

（一）绩效评定

企业每年至少应对安全生产标准化管理体系的运行情况进行一次自评,验证各项安全生产制度措施的适宜性、充分性和有效性,检查安全生产和职业卫生管理目标、指标的完成情况。

企业主要负责人应全面负责组织自评工作,并将自评结果向本企业所有部门、单位和从业人员通报。自评结果应形成正式文件,并作为年度安全绩效考评的重要依据。

企业应落实安全生产报告制度,定期向业绩考核等有关部门报告安全生产情况,并向社会公示。

企业发生生产安全责任死亡事故,应重新进行安全绩效评定,全面查找安全生产标准化管理体系中存在的缺陷。

（二）持续改进

企业应根据安全生产标准化管理体系的自评结果和安全生产预测预警系统所反映的趋势,以及绩效评定情况,客观分析企业安全生产标准化管理体系的运行质量,及时调整完善相关制度文件和过程管控,持续改进,不断提高安全生产绩效。

第九章　职业健康

第一节　职业健康概述

职业健康是指对工作场所内产生或存在的职业有害因素及其健康损害进行识别、评估、预测和控制的一门科学,其目的是预防和保护劳动者免受职业性有害因素所致的健康影响和危害,使工作适应劳动者,促进和保障劳动者在职业活动中的身心健康和社会福利。

职业安全健康管理体系是做好职业健康管理的重要保障,它是指企业为建立职业安全健康方针和目标以及实现这些目标所制定的一系列相互联系或补充作用的要素,以及为了实施职业安全健康管理所需的企业机构、程序、过程和资源。

2018年3月12日,国际标准化组织(ISO)发布了职业健康与安全新标准ISO45001。该标准将取代OHSAS18001,已获得OHSAS18001认证的组织将有三年时间移转至新标准。中国标准化委员会于2011年12月30日公布了职业健康安全管理体系国家标准(GB/T 28001),并于2012年2月1日实施。相关部分内容阐释如下:

一、职业安全健康管理体系可以提高企业的安全管理水平

职业安全健康管理体系的建立与保持,可以全面提高企业的安全管理水平。在安全管理上,表现为主动安全管理;在事故管理上,表现为事故预防。

二、职业安全健康管理体系运行模式

职业安全健康管理体系运行模式,其核心都是为生产经营单位建立一个动态循环的管理过程,以持续改进的思想指导生产经营单位系统地实现其既定目标。

三、初始评审

职业安全健康管理体系中初始评审过程包括法律、法规及其他要求内容。

四、管理评审

职业安全健康管理体系管理评审是要求生产经营单位的最高管理者依据自己预定的时间间隔对职业安全健康管理体系进行评审,以确保体系的持续适宜性、充分性和有效性。

生产经营单位对职业安全健康管理方案应每三年进行一次评审,以确保管理方案的实施,能够实现职业安全健康目标。

五、事故、事件、不符合及其对职业安全健康绩效影响的调查目的

事故、事件、不符合及其对职业安全健康绩效影响的调查,目的是建立有效的程序,对生产经营单位的事故、事件、不符合进行调查、分析和报告,识别和消除此类情况发生的根本原因,防止其再次发生,并通过程序的实施,发现、分析和消除不符合的潜在原因。

六、绩效测量和监测中被动测量

职业安全健康管理体系中绩效测量和监测中被动测量是对与工作有关的事故、事件、其他损失、不良的职业安全健康绩效、职业安全健康管理体系的失效情况的确认、报告和调查。

在职业安全健康管理体系中绩效测量和监测中被动测量不是一种预防机制。

七、检查与纠正措施

职业安全健康管理体系中检查与纠正措施是要求生产经营单位定期或及时地发现体系运行过程或体系自身所存在的问题,并确定问题产生的根源或存在持续改进的地方。

八、应急预案与响应要求

职业安全健康管理体系应急预案与响应要求是确保生产经营单位主动评价其潜在事故与紧急情况发生的可能性及其应急响应的需要。

九、持续改进

持续改进是指生产经营单位应不断寻求方法持续改进自身职业安全健康管理体系及其职业安全健康绩效,从而不断消除、降低或控制各类职业安全健康危害和风险。职业安全健康管理体系中改进措施主要包括纠正与预防措施、持续改进。

十、安全管理制度

职业安全健康管理体系中,建立健全安全管理制度是一个重要内容。

安全管理制度是企业为了实现安全生产,依据国家有关法律法规和行业标准,结合生产、经营的安全生产实际对企业各项安全管理工作所作的规定。

在生产经营单位的安全生产工作中,最基本的安全管理制度是安全生产责任制。

(一)危险化学品经营单位安全生产规章制度

制定完善下列主要安全生产规章制度:

1. 全员安全生产责任制度。
2. 危险化学品购销管理制度。
3. 危险化学品安全管理制度(包括防火、防爆、防中毒、防泄漏管理等内容)。
4. 安全投入保障制度。

5. 安全生产奖惩制度。

6. 安全生产教育培训制度。

7. 隐患排查治理制度。

8. 安全风险管理制度。

9. 应急管理制度。

10. 事故管理制度。

11. 职业卫生管理制度。

（二）企业应当建立全员安全生产责任制

企业应当建立全员安全生产责任制，保证每位从业人员的安全生产责任与职务、岗位相匹配。

生产经营单位的安全生产责任制的实质是安全生产，人人有责。

建立一个完整的安全生产责任制的总体要求是横向到边、纵向到底。纵向到各级人员的安全生产责任制，横向到各职能部门的安全生产责任制。安全生产责任制由生产经营单位的主要负责人负责组织建立。

班组是生产经营单位搞好安全生产工作的关键。班组长全面负责班组的安全生产工作，是安全生产法律、法规和规章制度的直接执行者。

班组开展日常安全教育时，安全活动每月不少于2次。班组每次安全活动时间不少于1学时。企业负责人应每月至少参加1次班组安全活动。

岗位工人对本岗位的安全生产负直接责任。

（三）编制岗位操作安全规程

企业应当根据危险化学品的生产工艺、技术、设备特点和原辅料、产品的危险性编制岗位操作安全规程。

第二节　职业危害及其预防

一、生产性毒物危害及其防治

（一）生产性毒物的分类及毒性

生产过程中生产或使用的有毒物质称为生产性毒物。毒物的分类方法很多，目前，最常用的分类是按化学性质及其用途相结合的分类法。

1. 金属和类金属　常见的该类毒物有铅、汞、锰、镍、铍、砷、磷及其化合物等，易引起全身性中毒。

2. 刺激性气体　刺激性气体是指对眼和呼吸道刺激作用的气体，它是化工生产中常用到的有毒气体。刺激性气体使呼吸道黏膜、眼及皮肤受到直接刺激作用，甚至引起肺水肿及全身中毒。刺激气体的种类很多，最常见的有氯、氨、氮氧化物、光气、氟化氢、二氧化硫、三氧化硫等。

3. **窒息性气体** 窒息性气体是指能造成机体缺氧的有毒气体。窒息性气体可分为单纯窒息性气体和化学性窒息性气体。

窒息性气体本身无毒或毒性甚微,主要是由于吸入这类气体过多时,对氧的排斥,使肺内的氧减少,造成机体缺氧,如乙烷、氢气、二氧化碳、氮气和其他惰性气体。

例如,二氧化碳的危害主要是温室效应,因为二氧化碳具有保温的作用,会逐渐使地球表面温度升高。同时,二氧化碳浓度过高,可能导致人严重缺氧,造成永久性脑损伤、昏迷,甚至死亡。所以,说二氧化碳无毒,不会造成污染是错误的。

一般情况下,空气含氧 21%,如空气中的氧浓度降到 17% 以下,机体组织的供氧不足,就会引起头晕、恶心、调节功能紊乱等症状,缺氧严重时导致昏迷,甚至死亡。

但人吸入的氧气不是越纯越好,在 0.1 MPa(1 个大气压)的纯氧环境中,人只能存活 24 小时,就会发生肺炎,最终导致呼吸衰竭、窒息而死。

化学性窒息性气体的主要危害是对血液或组织产生特殊的化学作用,使氧的运送和组织利用氧的功能发生障碍,或与细胞色素氧化酶中的铁结合,抑制细胞呼吸酶的氧化作用,阻断组织呼吸,引起内窒息。如一氧化碳、硝基苯蒸气、氰化氢、硫化氢等。空气中一氧化碳含量达到 0.05% 时就会导致血液携氧能力严重下降。

4. **农药** 包括杀虫剂、杀菌剂、杀螨剂、除草剂等。农药的使用对保证农作物的增产起着重要作用,但如果在生产、运输、使用和储存过程中未采取有效的预防措施,可能引起中毒。

5. **有机化合物** 有机化合物种类繁多,例如苯、甲苯、二甲苯、二硫化碳、汽油、甲醇、丙酮、苯胺、硝基苯等。

6. **高分子化合物** 高分子化合物均由一种或几种单体经过聚合或缩合而成,由千百个原子彼此以共价键结合形成相对分子质量特别大、具有重复结构单元的化合物,如合成橡胶、合成纤维、塑料等。高分子化合物本身无毒或毒性很小,但在加工和使用过程中可释放出游离单体,对人体产生危害。如酚醛树脂遇热释放出苯酚和甲醛而具有刺激作用。某些高分子化合物由于受热氧化而产生毒性更强的物质,如聚四氟乙烯塑料受高热分解出四氟乙烯、六氟丙烯、八氟异丁烯,吸入后引起化学性肺炎或肺水肿。高分子化合物生产中常用的单体多为不饱和烯烃、芳香烃及卤代化合物、氰类、二醇和二胺类化合物,这些单体多数对人体有危害。

某些有毒化学品具有致癌(肿瘤)、致畸或致突变作用。引起职业癌的物质称为职业性致癌物,如炼焦油、氯乙烯、砷等。

工业毒物属于化学性危害因素。生产性毒物的毒性通常是指毒物造成机体损害的能力。我们平常见到的"剧毒""低毒"等实际上就是指毒物的毒性。毒物的毒性分级如下:

(1)剧毒:毒性分级 5 级;成人,致死量,小于 0.05 g/kg 体重;60 kg 成人致死总量,0.1 g。

(2)高毒:毒性分级 4 级;成人,致死量,0.05~0.5 g/kg 体重;60 kg 成人致死总量,3 g。

(3)中等毒:毒性分级 3 级;成人,致死量,0.5~5 g/kg 体重;60 kg 成人致死总量,30 g。

(4)低毒:毒性分级 2 级;成人,致死量,5~15 g/kg 体重;60 kg 成人致死总量,250 g。

(5)微毒:毒性分级 1 级;成人,致死量,大于 15 g/kg 体重;60 kg 成人致死总量,大于 1 000 g。

生产性有毒有害物质等危险源是可能导致人身伤害和(或)健康损害的根源。

工业毒物属于化学性危害因素。氯气属于职业危害中的化学危害。

(二)工业毒物进入人体途径及危害

1. **毒物进入人体的途径**　生产性毒物进入人体的途径有三种,即呼吸道、皮肤和消化道。其中最主要的途径是呼吸道,其次是皮肤,只有特殊情况下才会出现消化道摄入。

经呼吸道吸入并通过肺吸收,是最常见最危险的途径。呼吸道是最常见和主要的途径。呈气体、气溶胶等形态的毒物均可经呼吸道进入人体。其主要部位是支气管和肺泡。经呼吸道吸收的毒物吸入肺泡后,很快能通过肺泡壁进入血液循环中,毒物随肺循环血液而流回心脏,然后不经过肝脏解毒,直接进入体循环而分布到全身各处。一般来讲,空气中的毒物浓度越高,粉尘状毒物粒子越小,毒物在体液中的溶解度越大,经呼吸道吸收的速度就越快。

在生产过程中,毒物经皮肤吸收而中毒者也较常见。某些毒物可透过完整的皮肤进入体内。皮肤吸收的毒物一般是通过表皮屏障到达真皮进入血液循环的。脂溶性毒物可经皮肤直接吸收,如芳香族的氨基、硝基化合物,有机磷化合物,苯及同系物等。个别金属如汞也可经皮肤吸收。某些气态毒物,如氰化氢,浓度较高时也可经皮肤进入体内。皮肤有病损时,不能被完好皮肤吸收的毒物,这时也能大量被吸收。除毒物本身的化学特性外,毒物的浓度和黏稠度,与皮肤接触的面积、部位,及外界的气温、湿度等也会影响皮肤的吸收。

在生产环境中,单纯从消化道吸收而引起中毒的机会比较少见。往往是由于手被毒物污染后直接用污染的手拿食物吃,造成毒物随食物进入消化道。消化道吸收毒物的主要部位在小肠,尤其脂溶性毒物在肠内吸收较快。绝大部分由肠道吸入血循环的毒物,都将流经肝脏,一部分被解毒转化为无毒或毒性较小的物质,一部分随胆汁分泌到肠腔,随排泄物排出体外,其中少部分可被吸收。有的毒物如氰化氢,在口腔内即可被黏膜吸收。

2. **毒害形式**　不同的有害物及作用条件不同,引起毒害的表现形式也不同。根据人体吸入毒物后产生中毒反应的快慢可分为急性中毒和慢性中毒。

(1)急性中毒:急性中毒是指毒物短时间内经皮肤、黏膜、呼吸道、消化道等途径进入人体,使机体受损并发生器官功能障碍。急性中毒起病急骤,症状严重,病情变化迅速,不及时治疗常危及生命。

毒物毒性一般,但却大量进入人体,立即发生毒性反应甚至致命,称为急性中毒。

苯急性中毒主要表现为对中枢神经系统的麻醉作用,而慢性中毒主要为造血系统的损害。

(2)慢性中毒:慢性中毒指毒物在不引起急性中毒的剂量条件下,长期反复进入机体所引起的机体在生理、生化及病理学方面的改变,出现临床症状、体征的中毒状态或疾病状态。其特点是潜伏时间较长,常常从事该毒物作业数月、数年或更长时间才出现症状,如慢性铅、汞、锰等中毒或尘肺等。

慢性中毒是由于少量毒物长期地进入机体所致,毒性反应不明显而不为人所重视,随着毒物的蓄积和毒性作用的累积而引起严重伤害。

3. **影响毒害程度的因素**　生产性毒物对人体的危害程度与下列因素有关:

(1)毒物的毒性大小。

(2)空气中毒物的含量:即毒物的浓度大小,毒物浓度超过国家职业卫生接触限值时,应及时整改复测。

（3）毒物与人体持续接触的时间：接触时间越长，有毒物浓度越大，人体吸入毒物量就越多，对人体危害也就越大。

（4）作业环境条件与劳动强度：对于高湿、高温的作业环境，人体皮肤毛细血管扩张，出汗增多，血液循环及呼吸加快，从而增加吸收有毒气体的速度。劳动强度大，呼吸频率高，呼吸深度大，中毒也就快。

（5）体质情况：相同接触条件下，有些人可能没有危害症状，而有些人中毒，且中毒程度也不同。这与各人的年龄、性别和体质情况有关。

（三）常见工业毒物

根据国家卫健委、人力资源社会保障部、安全监管总局、全国总工会关于印发《职业病分类和目录》的通知，职业性化学中毒共有 60 种。

工作场所同时接触多个毒物时，毒物危害程度级别权重数取危害程度级别最严重的毒物权重数计算，化学物职业接触比值为各化学物职业接触比值之和。

（四）作业环境使用化学毒物的管理

作业场所使用化学毒品的管理应按《职业病防治法》《危险化学品安全管理条例》《使用有毒物品作业场所劳动保护条例》等法律法规和有关标准、规范进行。例如：建立责任制，明确责任人；建立健全规章制度和安全操作规程；加强从业人员教育培训；实施消除和控制化学毒品危害的措施；加强现场和作业过程监督管理；加强毒害品包装物、容器和防毒设施的检查、检测；定期对使用有毒物品作业场所职业中毒危害因素进行检测、评价；加强安全标签管理；在作业场所悬挂毒物信息标志；为工人配备个体防护用品；定期进行体检；配备应急救援人员和必要的应急救援器材；制定事故应急救援预案，等等。

对于剧毒品应采用双人收发、双人记账、双人双锁、双人运输和双人使用的"五双"制度。

（五）生产性毒物的防治措施

1. 基本防治措施　常用的控制措施有：

（1）密闭、自动化。

（2）采用无毒、低毒物质代替剧毒物质。

（3）通风：使作业场所空气中有毒有害物质浓度保持在国家规定的最高容许浓度以下。

（4）排出气体的净化：所谓净化，就是利用一定的物理或化学方法分离含毒空气中的有毒物质，降低空气中的有毒有害物质浓度。常用的净化方法有：冷凝法、燃烧法、吸收法、吸附法和催化法等。

（5）个体防护：接触毒物作业人员应遵守个人卫生制度和操作规程，作业时采用个体防护用品。

在无法将作业场所中有害化学品的浓度降低到最高容许浓度以下时，工人必须使用个体防护用品。

2. 个人防毒用品　个人防毒用品包括皮肤防护和呼吸防护用品。皮肤防护是个人皮肤防护的防毒措施之一，主要依靠个人防护用品，防护用品可以避免有毒物质与人体皮肤的接触。

个人防毒用品如使用防毒面具、胶靴、手套、防护眼镜、耳塞、工作帽,或在皮肤暴露部位涂以防护油膏,避免有毒物质与人体皮肤的接触。一旦皮肤被有毒物质污染,必须立即清洗。呼吸防护主要采用呼吸器防护,又可分为过滤式呼吸器和隔离式呼吸器两大类。

过滤式防毒呼吸器主要由呼吸面具或口罩和滤毒罐组成。过滤材料由滤网和吸收剂或吸附剂组成,它们的净化过程是,吸入空气中的有害颗粒粉尘等物被阻留在滤网外,粗过滤后的含毒空气经滤毒罐进行化学或物理吸附(吸收),将有毒物从空气中分离出来。滤毒罐中使用的吸收(附)剂可分为下列几类:活性炭、化学吸收剂、催化剂、纺织品等。滤毒罐内装填不同的活性吸附(收)剂,就可有选择性地处理不同的有毒物。根据具体的呼吸器具不同,过滤式呼吸器主要分为过滤式防毒面具和过滤式防毒口罩两种。

使用过滤式呼吸器时应注意,滤毒罐的有效期一般为 2 年,所以使用前要检查是否已失效,滤毒罐的进出气口平时应盖严,以免受潮或与岗位低浓度有毒气体作用而失效。当空气中有毒气体浓度超过 1% 或者空气含氧量低于 18% 时,不能使用过滤式呼吸器。

隔离式呼吸器所使用的供人呼吸的空气不是从作业环境中获取的,因而可以在浓度较高的环境中使用。隔离式呼吸器主要分为各种氧气呼吸器和各种蛇管式防毒面具。

选择呼吸防护用品时应考虑有害化学品的性质、作业场所污染物可能达到的最高浓度、作业场所的空气含量、使用者的面型和环境条件等因素。

发生人员中毒、窒息的紧急情况,抢救人员必须佩戴隔离式防护面具进入受限空间,并至少有一人在受限空间外部负责联络工作。

氧气呼吸器因供氧方式的不同,可分为氧气瓶呼吸器和隔绝式生氧面具。前者由氧气瓶的氧供人呼吸;后者是依靠人呼出的 CO_2 和 H_2O 与面具中的生氧剂发生化学反应,产生的氧气供人呼吸。氧气瓶呼吸器使用安全可靠,可用于检修设备或处理事故,但较为笨重。生氧面具不携带高压气瓶,因而可以在高温场所或火灾现场使用。在毒性气体浓度高、毒性不明或缺氧的可移动性作业环境中应选用供氧式呼吸器。

蛇管式防毒面具是通过长管将较远地点的新鲜空气经过滤处理后供人呼吸,这种面具又分为自吸式和送风式两种。前者是依靠使用人员自己吸入清洁空气,要求保证面罩的气密性好,软管不能过长更不能发生吸气受阻现象,适用于新鲜空气源较近的场所。后者是将过滤后的压缩空气经减压再送入呼吸面盔,使盔内保持正压状态,以供人呼吸。送风面盔常用于目前尚无法采取防毒措施的地方,如工人到油罐或反应釜中工作,或在船舱内进行油漆作业而又无法通风时。

3. 使用有毒物品作业场所的防治措施　　根据《使用有毒物品作业场所劳动保护条例》,使用化学毒品的生产经营单位的作业场所,应当符合有关法律法规要求,并符合相关标准、规范。

(1)作业场所与生活场所分开,作业场所不得住人。储存危险化学品的库房内不得住人。

(2)有害作业场所要与无害作业场所分开,高毒作业场所与其他作业场所隔离。

(3)设置有效的通风装置。在车间的生产过程中,可能突然泄漏大量有毒物品或者易造成急性中毒的作业场所,应设置自动报警装置和事故通风设施。

(4)高毒作业场所设置应急撤离通道和必要的泄险区。即使有毒品不溶于水,人体的中毒可能性也很大。

（5）使用化学毒品作业场所应当设置黄色区域警示线、警示标识和中文警示说明。警示说明应当载明产生职业中毒危害的种类、后果、预防以及应急救治措施等内容。高毒作业场所应当设置红色区域警示线、警示标志和中文警示说明，并设置通讯报警设备。

（6）从事使用高毒物品作业的用人单位应当设置淋浴间和更衣室，并设置清洗、存放或者处理从事使用高毒物品作业劳动者的工作服、工作鞋帽等物品的专用间。

设备、容器内部或者狭窄封闭场所由于通风条件受到限制，空气中经常存在有毒有害气体或者氧气浓度过低，因而经常发生中毒事故。为此，《使用有毒物品作业场所劳动保护条例》规定，在维护、检修存在高毒物品的生产装置时，必须事先制订维护、检修方案，明确职业中毒危害防护措施，确保维护、检修人员的生命安全和身体健康。维护、检修工作必须严格按照维护、检修方案和操作规程进行。维护、检修现场应当有专人监护，并设置警示标志。需要进入存在高毒物品的设备、容器或者狭窄封闭场所作业时，应当事先采取下列措施：

① 保持作业场所良好的通风状态，确保作业场所有所毒物的浓度符合国家职业卫生标准；

② 为劳动者配备符合国家职业卫生标准的防护用品，不能发给从业人员资金由其自行购买；

③ 设置现场监护人员和现场救援设备。

《使用有毒物品作业场所劳动保护条例》规定，使用单位应将危险化学品的有关安全卫生资料向职工公开，教育职工识别安全标签、了解安全技术说明书、掌握必要的应急处理方法和自救措施，经常对职工进行工作场所安全使用化学品的教育和培训。

《使用有毒物品作业场所劳动保护条例》规定，使用单位应按国家有关规定清除化学废料和清洗盛装危险化学品的废旧容器。

有关有毒作业环境管理中的组织管理的内容，包括调查了解企业当前职业毒害的现状，只有在对职业毒害现状正确认识的基础上，才能制定正确的规划，并予以正确实施；还包括对职工进行防毒的宣传教育，使职工既清楚有毒物质对人体的危害，又了解预防措施，从而使职工主动地遵守安全操作规程、加强个人防护等。

二、生产性粉尘危害及其防治

（一）生产性粉尘的来源与分类

在生产过程中产生的、能较长时间悬浮于空气中的固体微粒称为生产性粉尘，简称粉尘。粉尘主要来源于固体物料的机械粉碎和研磨，粉状物料的混合、筛分、包装及运输过程，以及物质的加热、燃烧、爆炸等过程。粉尘在车间等环境中的扩散或传播则主要依靠气流的作用。悬浮于空气中的粉尘在重力作用下沉降，已沉落的粉尘称为积尘或落尘；落尘再次飞扬并悬浮于空气中，称为二次扬尘。根据生产性粉尘的性质可分为三类：无机性粉尘、有机性粉尘、混合性粉尘。

根据《工业场所职业病危害作业分级》的规定，生产性粉尘作业危害分为相对无害作业（0级）、轻度危害作业（Ⅰ级）、中度危害作业（Ⅱ级）、高度危害作业（Ⅲ级）。

可燃粉尘的粒径越小，发生爆炸的危险性越大。

（二）生产性粉尘的危害

粉尘的危害是多方面的，对人体的危害包括：粉尘对眼、皮肤的刺激作用，可引起皮肤和五官炎症；有毒粉尘（铅、砷、汞等）引起中毒；石棉、铬、镍、滑石、焦炉烟尘及放射性矿尘可以致癌；难溶性粉尘可引起尘肺病。

尘肺病是由于长期大量吸入粉尘而引起的以肺组织纤维硬化为主的职业病。几乎所有粉尘都能引起尘肺病。目前，我国职业病发病率最高的是尘肺病。尘肺病已经成为我国患病人数最多的一种职业病。影响尘肺病发生与发展的因素主要有：粉尘化学成分（游离二氧化硅、有毒物质、放射性物质）、粒径与分散度、浓度以及接触时间、劳动强度等。

根据国家发布并实施的尘肺 X 线诊断标准，依据 X 线胸片影像学改变的程度，将尘肺分为 3 期，即一期尘肺（Ⅰ）、二期尘肺（Ⅱ）、三期尘肺（Ⅲ），"0"为无尘肺。

最多、最严重、最为普遍的尘肺病是硅肺，它是一种慢性疾病，发病工龄短者为 3～5 年，长者为 20～30 年。游离二氧化硅粉尘能引起接触粉尘的职工得硅肺病。硅肺的分期与进级随着硅肺病变的发生和进展，依据硅结节在肺部的分布和融合的程度，一般把硅肺的病理变化分为三期，即Ⅰ期较轻、Ⅱ期较重、Ⅲ期最重。确诊后的硅肺，经过一定的时期难免发生进展，即由Ⅰ期进展到Ⅱ期或Ⅲ期。这种进展的年限长短，与其医疗情况和患者的体质、营养、休息以及劳动强度等因素有关。

单纯硅肺的病情发展是比较缓慢的，但由于患者机体抵抗力低下，常易并发硅肺并发症如肺结核，还可并发肺气肿、自发性气胸、肺心病、肺及支气管感染等，最后可导致呼吸功能衰竭及发生慢性肺源性心脏病。一旦发生上述并发症往往促使硅肺病变恶化，病情加重，常常成为死亡的主要原因。

（三）生产性粉尘的防治措施

综合防尘措施包括技术和组织管理两个方面。基本内容是：通风除尘、湿式作业、密闭尘源与净化、个体防护、改革工艺与设备以减少产尘量、科学管理、建立规章制度、加强宣传教育、定期进行测尘和健康检查。

根据除尘机理常将除尘器分为四大类：机械除尘器、过滤除尘器、湿式除尘器和电除尘器。

经验证明，采取湿式作业、密闭、通风、除尘系统是控制粉尘危害的有效措施，而在生产过程中，控制尘毒危害的最重要的方法是生产过程密闭化。总之，因地制宜，持续地采取综合防尘措施，可取得良好的防尘效果。

三、振动、噪声危害及其防治

（一）振动、噪声及其危害

声音来源于物体（设备、工具）的振动。生产设备、工具产生的振动可通过结构传播或空气传播方式（包括先通过结构传播再通过空气传播）作用于人体，前者的表现形式是使人产生局部或全身振动，后者的表现形式就是我们常说的声音。生产过程中的噪声按时间分布，分为连续声和间断声。工业企业内部的噪声主要来源于各种机械设备运行发出的噪声。

在职业病分类和目录中，噪声聋属于职业性耳鼻喉口腔疾病。噪声引起的听觉器官损害特点是早期表现为高频听力下降。噪声场所危害级别为 4 级,即轻度、中度、重度、极重危害。

在职业病危害因素分类目录中,噪声属于物理性危害因素。

噪声与振动较大的生产设备当设计需要将这些生产设备安置在多层厂房内时,宜将其安排在底层。

振动会使人产生振动病,振动病分为局部振动病和全身振动病。在生产中接触振动设备、工具的手臂所造成的危害较为明显和严重,典型的现象是发作性手指发白(白指病)。局部振动病为法定的职业病。

噪声的危害包括对人体的影响和对生产活动的影响,对人体的影响也包括对听力的影响和对人体生理及心理的影响。噪声对人的危害和影响与噪声源的特性(如噪声强度、频率和时间特性等)有关,也与人耳的听觉特性和人们对噪声的主观心理反应有关。

1. 对听力的影响　噪声对听力的影响是引起听觉疲劳甚至耳聋。在噪声长期作用下,听觉器官受到过度刺激,听觉敏感性显著降低。听觉呈现暂时性听阈上移,称作听觉疲劳。听觉疲劳在经过休息后可以恢复,这叫听觉适应。听觉适应有一定的限度,如果听觉敏感性进一步降低,听阈位移提高,离开噪声环境后需较长时间才能恢复,这种现象叫听觉疲劳。长期处于噪声环境中,听觉疲劳不能及时恢复,就会出现永久性听阈位移。

2. 噪声对生理的影响　噪声对神经系统有影响。噪声作用于人的中枢神经系统,使人的基本生理过程即大脑皮层的兴奋和抑制平衡失调,导致条件反射异常。噪声作用于中枢神经系统,还会影响人体器官的功能,表现为头痛、头晕、失眠、多汗、恶心、心悸、注意力不集中、记忆力减退、神经过敏、反应迟钝等。噪声对心血管系统有影响,可以使交感神经紧张,表现为心动过速、心律不齐、心电图改变、血压增高,以及末梢血管收缩、供血减少等。噪声还会使唾液分泌减少,胃蠕动的频率和幅度增加,肾上腺皮质功能增强,胃肠功能紊乱等。

3. 对心理的影响　噪声对心理的影响反映在噪声干扰人们的交谈、休息和睡眠,从而使人烦躁、焦虑、厌恶、思路破坏、注意力不集中,降低工作效率。所受影响程度与所处环境、噪声性质和心理状态等有关,而且因人而异。一般噪声越强,引起烦恼的可能性越大。高音调的噪声、脉冲性噪声更能引起人们的烦恼。

(二) 振动、噪声治理技术措施

控制噪声可从噪声源、传播途径和接受者等三个方面入手。常用的噪声控制技术、方法有减振、隔振与阻尼、吸声、隔声、消声,它们既可以用于声源的控制,也可用于控制声的传播,对受害者进行防护。为降低噪声,对其传播途径的处理实质就是增加声音在传播过程的衰减。减振、隔振与阻尼等属于声源控制技术,吸声、隔声、消声属于传播途径控制技术。

在噪声控制中,按照声源激发性质和传播途径的不同,通常把噪声区分为空气声和结构声(固体声)。空气声是指声源发出的声音直接在空气中传播,到达接收者的位置。声源的振动或撞击直接激发固体构件振动,并以弹性波的形式在固体构件中传播出去的声波称作结构声或固体声,它主要借助固体构件传播。如风机振动沿管道管壁传播的声波属于结构声。对于空气声和结构声通常应针对它们的特点采取不同的隔离措施。

减振就是减少设备等振动源的振动,如改进设备及工艺结构,从设备的设计、制造上提高部件的加工精度和装配质量,从生产工艺上选用先进的工艺,并采用合理的操作方法,或对已有生产工艺进行技术改造,做到尽可能地降低声源噪声强度,如将锤击成型改为液压成型、研制低噪风机等。

隔振与阻尼是噪声控制中用来减弱固体声传递的技术。如在机器机座下面安装隔振装置,可以减弱设备或仪器与周围环境、人或建筑物之间的固体声传播强度。

吸声法是利用吸声材料或吸声结构体,将入射到材料或结构体上的声能通过摩擦作用转变为热能而达到降声的目的。一是利用吸声材料吸声。吸声材料是一种多孔材料,常见的有泡沫塑料、多孔陶瓷板、多孔水泥板、玻璃纤维、矿渣棉等。二是利用薄板和空气层组成的振动系统吸声结构进行吸声。吸声法主要用于降低车间等结构体内的混响声(回声)。一般情况下,吸声结构饰面要占室内总面积的60%才会达到最大的吸声效果。

消声法主要是使用消声器。消声器是一种容许气流通过而能使透过声音得到降低的装置,常用于通风机、压缩机等设备产生的气流噪声的降低,是一种特殊形式的吸声法。将消声器安装在这些设备的气流入口或出口处,一般可使噪声降低20～40 dB。

化工工业中高速气流排放产生的放空排气噪声是一个突出的噪声源。由于放空排气噪声的发生机理及其传播规律与一般的气流噪声有所不同,控制放空排气噪声需要使用特殊的排空消声器。

把产生噪声的机器设备或操作人员封闭在一个小的空间,使它与周围环境隔绝开来,或利用屏障将声源与人员隔开,称为隔声。隔声罩、隔声间和屏障是主要的三种应用方式。隔声罩是在噪声源处,将产生噪声的机组的某一部分予以封闭,防止它对周围作业环境造成污染。若车间里机器很多,每台机器噪声又都差不多,也可建造隔声间,将作业人员隔离起来。让工作人员在隔声间中操纵、观察和控制生产线,使他们免受噪声侵袭。隔声间和隔声罩从设计原理、结构形式到材料选择上都无任何差别,一般宜采用厚、重、密实的构件。结构制作上可分为封闭式或局部敞开式两种。封闭式隔声间的隔声能力可达20～40 dB。局部敞开式一般不超过10～15 dB(中频和高频)。两种隔声间的内表面均应做成吸声饰面,以吸收声音并减弱由于空间封闭隔声间内噪声的上升。

在产生噪声的作业场所,应设置"噪声有害"警告标志和"戴护耳器"指令标志。

当采取各种技术措施仍达不到国家标准或规范规定的噪声作业环境时,就应考虑采用个体防护法,包括时间防护法和防护用具法。个人防护中常用的耳塞、耳罩或头盔是隔声技术的另一种应用方式,我国常用的防声耳塞可划分为预模式耳塞、棉花耳塞、泡沫塑料耳塞和新型硅橡胶耳塞四种类型。

四、辐射危害及其防护

(一)辐射及其危害

辐射是指能量以电磁波或粒子的形式向外扩散。物体通过辐射所放出的能量,称为辐射能。根据辐射能量与物质相互作用时能否使物质产生电离作用,辐射可分为电离辐射和非电离辐射。

1. 电离辐射　辐射过程中能使物质产生电子和正离子的辐射,称为电离辐射。电离辐射是一切能引起物质电离辐射的总称,其种类很多,高速带电粒子有 α 粒子、β 粒子、质子,不带电粒子有中子以及 X 射线、γ 射线。

放射性物质放出的射线可分为四种：α 射线、β 射线、γ 射线和中子流。

生产过程职业病危害因素中的 X 射线属于物理因素。电离辐射属于职业危害中物理危害。

电离辐射主要是从天然放射性物质和人工放射性物质放出的一种能量。人体受到一定剂量的电离辐射照射后，可以产生各种对人体健康有害的生物效应，造成不同类型的辐射损伤，如辐射致癌。

2. 非电离辐射　不能使物质产生电离作用的辐射，即称非电离辐射，主要指紫外线、可见光、红外线、激光、射频辐射。非电离辐射引起的生物效应主要是通过"热效应"引起的，即通过对生物组织的"灼热"作用，使生物组织产生病变。如在露天作业时，头部受到太阳的辐射线的直接作用，大量的热辐射被头部皮肤和头颅吸收，颅内温度升高出现日射病，其主要症状为急剧发生头痛、头晕、眼花、恶心、呕吐，重者可能有惊厥、昏迷。

生产中也存在大量的红外线辐射源和紫外线辐射源，如加热的金属、电焊等高温物体。焊接作业产生的红外线对作业人员的眼睛有伤害，可引起白内障、视网膜灼伤，紫外辐射可引起"电弧灼伤""雪盲"等电光性眼炎。

（二）辐射的防护技术与放射源管理

辐射防护从辐射源、危害途径和受照射人员等三方面入手。

1. 控制辐射源，降低源的辐射能量。具体措施为：采用密闭法将源密闭，防辐射泄漏；降低源的辐射强度。

2. 采用屏蔽隔离法，控制辐射的危害途径与过程。在源与人员之间设屏障，选用合适的屏蔽材料和厚度可降低到达人员的辐射量。

3. 增大辐射源与人员之间的距离。辐射强度与距离的平方成反比，因此增大距离是一种很有效的方法。

4. 加强通风防尘，降低空气中放射性粉尘的浓度。

5. 缩短受照射的时间，即缩短工作时间。

6. 加强个体防护，如穿辐射防护服、戴口罩、防护目镜等。

国家对放射源实行严格管理。放射源的使用与储存场所和射线装置的生产、使用场所必须设置防护设施。其入口处必须设置放射性标志和必要的防护安全连锁、报警装置或工作信号；在室外从事放射工作时，必须划出安全防护区域，并设置危险标志，必要时设专人警戒；放射源单位必须严格执行国家对从事放射工作人员个人剂量的监测和健康管理的规定。从事放射工作的人员，必须接受体格检查，并接受放射防护知识培训和法规教育；发生放射事故（如放射源丢失）的单位，必须立即采取防护措施，控制事故影响，保护事故现场，并向有关主管部门报告。

五、高温、低温作业及其危害

（一）高温作业及其危害

1. 高温作业　高温作业是指有高气温、或有强烈的热辐射、或伴有高气湿（相对湿度≥

80％RH)相结合的异常作业条件、湿球黑球温度指数(WBGT 指数)超过规定限值的作业。

高温天气是指地市级以上气象主管部门所属气象台(站)向公众发布的日最高气温 35 ℃以上的天气。

高温天气作业是指用人单位在高温天气期间安排劳动者在高温自然气象环境下进行的作业。

2. 高温作业危害 高温作业对人体有危害。例如,中暑是高温环境下发生的急性病,通常分为热射病、日射病和热痉挛。

热射病是人体在高温环境中劳动,因高气温、强烈热辐射和较高的湿度等综合气象因素作用,引起机体体温调节机能障碍,体内热量蓄积过多,使机体出现高热所致。临床上又分为过热和衰竭两种类型,前者的主要特点是高热,起病急骤,是由于体温调节功能障碍,热量在体内蓄积,体温逐渐升高所致。主要病症有四肢酸痛、头晕、头痛、烦渴、无力、心悸、食欲减退、恶心、呕吐等,严重时可出现昏迷、抽搐、瞳孔缩小等体征,如不及时抢救,可因呼吸衰竭而死亡。

后者是由于在高温环境下散热困难,肌肉和皮肤血流量增大,超过了心脏所能负担的限度所致。有起病急、面色苍白、呼吸减速、脉搏细弱、血压下降、皮肤湿冷、体温稍低、瞳孔散大、神志不清等表现。

热痉挛是由于大量出汗和饮水过多,体内氯化钠大量丧失,致使水盐和电解质平衡发生紊乱所致。前期症状是头痛、乏力、肌肉痛、耳鸣、眼花等,主要临床特点是头晕、四肢肌肉痉挛。

日射病是由于头部受强烈的太阳辐射线(主要是红外线)的直接作用,大量热辐射被头部皮肤及头颅骨吸收,从而使颅内温度升高所致,多发生于夏季露天作业人员。主要症状为急剧发生头痛、头晕、眼花、恶心、呕吐、烦躁不安,重者可能有惊厥、昏迷。

3. 高温作业劳动保护措施 用人单位应当落实以下高温作业劳动保护措施:

(1) 优先采用有利于控制高温的新技术、新工艺、新材料、新设备,从源头上降低或者消除高温危害。对于生产过程中不能完全消除的高温危害,应当采取综合控制措施,使其符合国家职业卫生标准要求。

(2) 存在高温职业病危害的建设项目,应当保证其设计符合国家职业卫生相关标准和卫生要求,高温防护设施应当与主体工程同时设计、同时施工、同时投入生产和使用。

(3) 存在高温职业病危害的用人单位,应当实施由专人负责的高温日常监测,并按照有关规定进行职业病危害因素检测、评价。

(4) 用人单位应当依照有关规定对从事接触高温危害作业劳动者组织上岗前、在岗期间和离岗时的职业健康检查,将检查结果存入职业健康监护档案并书面告知劳动者。职业健康检查费用由用人单位承担。

(5) 用人单位不得安排怀孕女职工和未成年工从事《工作场所职业病危害作业分级第 3 部分:高温》(GBZ/T 229.3)中第三级以上的高温工作场所作业。

(6) 在高温天气期间,用人单位应当根据生产特点和具体条件,采取合理安排工作时间、轮换作业、适当增加高温工作环境下劳动者的休息时间和减轻劳动强度、减少高温时段室外作业等措施。

(7) 在高温天气来临之前,用人单位应当对高温天气作业的劳动者进行健康检查,对患有心、肺、脑血管性疾病、肺结核、中枢神经系统疾病及其他身体状况不适合高温作业环境的劳动者，应当调整作业岗位。职业健康检查费用由用人单位承担。

（8）用人单位应当向劳动者提供符合要求的个人防护用品，并督促和指导劳动者正确使用。

（9）用人单位应当为高温作业、高温天气作业的劳动者供给足够的、符合卫生标准的防暑降温饮料及必需的药品。

（10）用人单位应当在高温工作环境设立休息场所。休息场所应当设有座椅，保持通风良好或者配有空调等防暑降温设施。

（11）用人单位应当制定高温中暑应急预案，定期进行应急救援的演习，并根据从事高温作业和高温天气作业的劳动者数量及作业条件等情况，配备应急救援人员和足量的急救药品。

（12）劳动者出现中暑症状时，用人单位应当立即采取救助措施，使其迅速脱离高温环境，到通风阴凉处休息，供给防暑降温饮料，并采取必要的对症处理措施；病情严重者，用人单位应当及时送医疗卫生机构治疗。

（二）低温作业及其危害

1. 低温作业　按照国家低温作业分级（GB/T 14440）的规定，工作环境平均气温等于或低于 5 ℃的作业，即属于低温作业。例如各类冷冻冷藏作业、寒冷季节野外（户外）作业等属于全身性受冷的作业。

2. 低温作业危害　在低温环境下工作时间过长，超过人体适应能力，体温调节机能发生障碍，则体温下降，从而影响机体功能，可能出现神经兴奋与传导能力减弱，出现痛觉迟钝和嗜睡状态。长时间低温作业可导致循环血量、白细胞和血小板减少，而引起凝血时间延长，并出现协调性降低。低温作业还可引起人体全身和局部过冷。全身过冷常出现皮肤苍白、脉搏呼吸减弱、血压下降；局部过冷最常见的是手、足、耳及面颊等外露部位发生冻伤，严重的可导致肢体坏死。冷伤可分为全身性冷伤和局部性冷伤两类。全身性冷伤即体温过低。局部性冷伤又分为冻结性冷伤和非冻结性冷伤。冻结性冷伤是指短时间暴露于极低温度下或长时间暴露于极低温度下或长时间暴露于冰点以下的低温而引起的局部性冷伤。非冻结性冷伤分为战壕足、浸足和冻疮三种。

3. 低温作业劳动保护措施

（1）低温作业、冷水作业应尽可能实现自动化、机械化，避免或减少人员低温作业和冷水作业。

（2）要控制低温作业、冷水作业时间；在冬季寒冷作业场所，要有防寒采暖设备，露天作业要设防风棚、取暖棚；应选用导热系数小、吸湿性小、透气性好的材料做防寒服装。

（3）工作时，作业工人必须穿戴好防寒服、鞋、帽、手套等劳保用品、保暖用品；防寒衣物要避免潮湿，手脚不能缚得太紧，以免影响局部血液循环。

（4）冷库附近要设置更衣室、休息室，保证作业工人有足够的休息次数和休息时间，有条件的最好让作业后的工人洗个热水浴。